"十四五"职业教育国家规划教材
（中等职业学校公共基础课程教材）

Information Technology

信息技术

基础模块

（下册）

武马群 葛睿 李森 主编

人民邮电出版社
北京

图书在版编目（CIP）数据

信息技术：基础模块. 下册 / 武马群，葛睿，李森
主编. -- 北京：人民邮电出版社，2022.8（2023.8 重印）
中等职业学校公共基础课程教材
ISBN 978-7-115-58088-7

Ⅰ．①信… Ⅱ．①武… ②葛… ③李… Ⅲ．①电子计
算机－中等专业学校－教材 Ⅳ．①TP3

中国版本图书馆CIP数据核字(2022)第002042号

内 容 提 要

　　本书采用任务模块的讲解方式，让学生充分了解新一代信息技术发展应用对生产、生活、学习方式的影响，并引导学生理解信息技术基础知识，掌握信息技术的应用技能。

　　本书由 5 个模块组成，对应《中等职业学校信息技术课程标准（2020 年版）》基础模块的 4～8 单元，本书与《信息技术（基础模块）（上册）》配套使用，包括数据处理、程序设计入门、数字媒体技术应用、信息安全基础、人工智能初步等知识。

　　本书适合作为中等职业学校信息技术课程的教材，也可供职场中需要学习信息技术应用基础知识的人员学习参考。

◆ 主　编　武马群　葛　睿　李　森
　　责任编辑　初美呈
　　责任印制　王　郁　焦志炜

◆ 人民邮电出版社出版发行　　北京市丰台区成寿寺路 11 号
　　邮编　100164　电子邮件　315@ptpress.com.cn
　　网址　https://www.ptpress.com.cn
　　临西县阅读时光印刷有限公司印刷

◆ 开本：880×1230　1/16
　　印张：10.25　　　　　　　　　　2022 年 8 月第 1 版
　　字数：194 千字　　　　　　　　2023 年 8 月河北第 2 次印刷

定价：24.80 元

读者服务热线：**(010)81055256**　印装质量热线：**(010)81055316**
反盗版热线：**(010)81055315**
广告经营许可证：京东市监广登字 20170147 号

出版说明

为贯彻党的二十大精神，落实《中华人民共和国职业教育法》规定，深化职业教育"三教"改革，全面提高技术技能型人才培养质量，按照《职业院校教材管理办法》《中等职业学校公共基础课程方案》和有关课程标准的要求，在国家教材委员会的统筹领导下，根据教育部职业教育与成人教育司安排，教育部职业教育发展中心组织有关出版单位完成对数学、英语、信息技术、体育与健康、艺术、物理、化学7门公共基础课程国家规划新教材修订工作，修订教材经专家委员会审核通过，统一标注"十四五"职业教育国家规划教材（中等职业学校公共基础课程教材）。

修订教材根据教育部发布的中等职业学校公共基础课程标准和国家新要求编写，全面落实立德树人根本任务，突显职业教育类型特征，遵循技术技能人才成长规律和学生身心发展规律，聚焦核心素养、注重德技并修，在教材结构、教材内容、教学方法、呈现形式、配套资源等方面进行了有益探索，旨在推动中等职业教育向就业和升学并重转变，打牢中等职业学校学生的科学文化基础，提升学生的综合素质和终身学习能力，提高技术技能人才培养质量，巩固中等职业教育在职业教育体系中的基础地位。

各地要指导区域内中等职业学校开齐开足开好公共基础课程，认真贯彻实施《职业院校教材管理办法》，确保选用本次审核通过的国家规划修订教材。如使用过程中发现问题请及时反馈给出版单位，以推动编写、出版单位精益求精，不断提高教材质量。

中等职业学校公共基础课程教材建设专家委员会

2023 年 6 月

前 言
PREFACE

习近平总书记指出，数字技术正以新理念、新业态、新模式全面融入人类经济、政治、文化、社会、生态文明建设各领域和全过程，给人类生产生活带来广泛而深刻的影响。当前，我国社会正在加速向网络化、平台化、智能化方向发展，驱动云计算、大数据、人工智能、5G、区块链、工业互联网、量子计算等新一代信息技术迭代创新、群体突破，加快数字产业化步伐。党的二十大报告指出：教育、科技、人才是全面建设社会主义现代化国家的基础性、战略性支撑。必须坚持科技是第一生产力、人才是第一资源、创新是第一动力，深入实施科教兴国战略、人才强国战略、创新驱动发展战略，开辟发展新领域新赛道，不断塑造发展新动能新优势。在党的领导下，我们实现了第一个百年奋斗目标，全面建成了小康社会，正在向着第二个百年奋斗目标迈进。我国主动顺应信息革命时代浪潮，以信息化培育新动能，用数字新动能推动新发展，数字技术不断创造新的可能。生活在信息化、数字化时代的人们必须具有较好的信息素养，在学习、生活和生产中遇到问题时，能主动获取、分析、判断信息，用结构化思维分析问题，善用工具和信息资源制定行动方案，用积极的态度、负责的行动去解决问题。

中等职业学校信息技术课程是一门旨在帮助学生掌握信息技术基础知识与技能，增强信息意识、发展计算思维、提高数字化学习与创新能力、树立正确的信息社会价值观和责任感的必修公共基础课程。课程任务是全面贯彻党的教育方针，落实立德树人根本任务，满足国家信息化发展战略对人才培养的要求，围绕中等职业学校信息技术学科核心素养，吸纳相关领域的前沿成果，引导学生通过信息技术知识与技能的学习和应用实践，增强信息意识，掌握信息化环境中生产、生活与学习技能，提高参与信息社会的责任感与行为能力，为就业和未来发展奠定基础，成为德智体美劳全面发展的高素质劳动者和技术技能人才。通过信息技术课程的学习，能够使学生成为具备信息素养的高素质技术技能人才，适应未来信息化社会的生活和职业发展的需要。

本套教材依据《中等职业学校信息技术课程标准（2020年版）》要求编写，适合中等职业学校信息技术课程教学使用。本套教材由基础模块和拓展模块两部分构成。基础模块分为上、下两册，具体教学内容和推荐授课学时安排如下：

	教学内容	建议授课学时
上册	信息技术应用基础——感受身边的信息技术	16
	网络应用——与神奇的网络世界亲密接触	16
	图文编辑——创作极具创意的精美文档	20
下册	数据处理——让数据提供有价值的信息	18
	程序设计入门——体验程序的神奇	12
	数字媒体技术应用——创造精彩纷呈的数字媒体作品	16
	信息安全基础——加强信息社会"安保"	6
	人工智能初步——无限可能的未来世界	4
	合计	108

前 言

PREFACE

本书落实立德树人根本任务，引导学生了解国家信息化发展成果，树立社会责任感，弘扬工匠精神，培养学生的信息素养。本书采用"模块－项目－任务"的结构编写，将理论知识与实践任务相结合，引导学生在完成任务、解决问题的过程中掌握知识，提升能力。本书具体教学与学习方法如图所示。

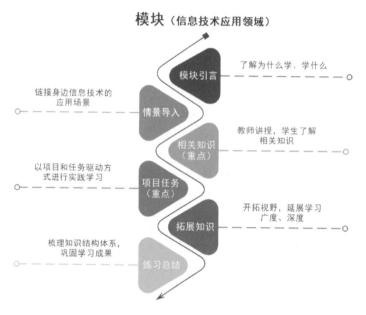

本书在讲解过程中穿插有"提示""技巧""注意"等小栏目，学生可以通过这些栏目全方位立体化地掌握相关知识。此外，本书提供电子课件、素材、教学大纲、教案、习题答案、模拟题库等丰富的教学资源，有需要的读者可自行通过人邮教育社区（http://www.ryjiaoyu.com）网站免费下载，并根据自身情况适当延伸教材内容，以开阔视野、强化职业技能。读者登录人邮学院网站（www.rymooc.com），即可在线观看全书慕课视频。

本书编写团队包括计算机学科领域的教育专家、行业专家，教学经验丰富的一线教育工作者和青年骨干教师，具体编写分工如下：武马群编写了模块 1 并对全书进行了统稿，葛睿编写了模块 2 ～模块 5，李森编写了模块 6 ～模块 8，钟毅、李强、赵玲玲对教学素材和案例进行了审核和整理，侯方奎、李小华、赵丽英进行了课程思政元素设计，陈统为案例和新技术、行业规范提供了素材和相关资料。

由于编者水平有限，本书不足之处，敬请读者指正。（联系人：初美呈，电话：010-81055238，邮箱：chumeicheng@ptpress.com.cn）

编者

2023 年 3 月

目 录
CONTENTS

目 录

CONTENTS

目 录

CONTENTS

模块4

数据处理
——让数据提供有价值的信息

随着信息技术和人类生产生活交汇融合，互联网快速普及，全球数据呈现爆发增长、海量集聚的特点，蕴藏着巨大的经济社会价值。因此，加快发展数字经济，促进数字经济和实体经济深度融合，打造具有国际竞争力的数字产业集群将成为趋势。数据要素是数字经济深入发展的核心引擎，数字经济在各个领域的应用也将越来越广泛。在通信技术、互联网、大数据等新兴技术的推动下，数据在现代社会的地位越来越重要了，无论是国家对人口、经济、贸易等领域的统计，还是企业对生产、仓储、销售的管理，都离不开数据的处理和分析。与此同时，数据处理软件的使用率也超出了以往，无论是采集数据的软件、加工数据的软件，还是分析数据的软件，普及速度都越来越快。

我们之所以会如此重视数据，是因为数据中隐藏着许许多多有价值的信息，这些信息需要经过对数据的处理和加工才能够显现出来，可以帮助我们更好地执行计划、开展工作，让整个社会的运行变得更加高效。

本模块将教会大家采集数据、加工数据和分析数据的方法与技巧，同时让大家了解与大数据相关的基本知识。

情景导入：如何从数据中看到价值

　　为了让同学们体会到数据的重要性，老师给大家展示了一组数据，包括每位同学的姓名、组别，以及连续6周各学科的测试成绩，然后向大家提问："如果你是老师，可以从这组数据中看到什么有价值的信息呢？"小梅奋勇当先说道："如果取各学科的平均分，就能对比大家各学科的整体测试情况，从中可以发现哪些学科的学习效果更好，哪些学科的学习效果相对差一些。"小华紧接着说："如果将每位同学每周的成绩汇总，或者取平均值，就能看出他最近这段时间的成绩变化，这样就能掌握每位同学的学习情况，从而就能更好地采取合适的教学方式了。"小军也想到了方法，他告诉大家："如果将最近一次测试的成绩汇总，并统计出前十名，结合组别信息统计占比数据，就能看出我们班到底哪个组最厉害了！"大家听后都表示赞同，看来数据果然隐藏着许多有价值的信息等待我们去挖掘呢！

项目 4.1 采集数据

数据存在于日常生活中的方方面面，如"班上新来了3位同学""今天这场雨估计下了5个小时""公司今天又卖出了30件商品"，这些不经意间说出的话语中都有数据的踪迹。为了挖掘出数据的价值，我们首先就需要将它们采集起来。

学习要点

◎ 常用的数据处理软件。
◎ 使用软件采集数据。
◎ 数据的输入、导入和引用。
◎ 导出与生成数据。
◎ 数据转换与格式化。

 相关知识

1 数据与数据处理

数据是指对客观事件进行记录并可以鉴别的，能对客观事物的性质、状态以及相互关系等进行记载的物理符号或符号组合。因此，数字、文字、字母、图形、图像、视频、音频等各种对象，都属于数据的范畴。例如，"95、100、99"可以表示某位学生某3个科目的考试成绩，这些数字就是数据；"晴、阴、多云"可以表示未来的天气情况，这些文字也是数据。

数据可以分为结构化数据、非结构化数据、半结构化数据，如图4-1所示。这里介绍的数据处理内容，针对的都是结构化数据。

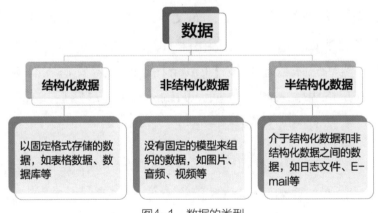

图4-1 数据的类型

数据处理一般应按照采集、加工、分析、展现等流程来操作。其中，采集是获取数据，加工是将采集的数据进行整理，分析是对整理好的数据进行计算、管理等操作，展现则是以可视化方式将数据内在信息展示出来。本模块将分析与展现环节合在一起进行讲解。

2 常用的数据处理软件

数据处理的不同环节，可能会涉及不同软件的使用，例如采集环节可以使用专业的采集软件，加工环节和分析环节可以使用Excel、WPS表格等软件，下面简单介绍常用的数据处理软件及其特点，如图4-2所示。

名称：八爪鱼采集器
使用：数据采集环节
特点：全行业、全场
　　　景、全类型采
　　　集，自动化操
　　　作，易上手

名称：火车采集器
使用：数据采集环节
特点：多线程采集，
　　　采集精准，适
　　　合有一定编程
　　　基础的用户

名称：Excel
使用：数据采集、加
　　　工、分析环节
特点：简单易用，功
　　　能强大，轻松
　　　上手

名称：WPS表格
使用：数据采集、加
　　　工、分析环节
特点：文件量小，功能
　　　齐全，海量的
　　　免费模板

名称：SAS
使用：数据加工、分
　　　析环节
特点：统计方法齐全，
　　　使用简单灵活

名称：FineBI
使用：数据加工、分
　　　析环节
特点：数据管理功能
　　　强大，报表输
　　　出功能丰富

图4-2　常用的数据处理软件

3 数据的输入、导入和引用

WPS表格和Excel都是目前使用率较高的数据处理软件，二者均可以在数据处理的各个环节派上用场。本书以Excel 2016为例进行介绍，WPS中的表格组件的使用方法也是大致相似的。下面首先介绍在Excel中输入、导入、引用数据的方法。

（1）数据输入

在Excel中可以输入各种类型的数据，如文本、数字、身份证号、小数、货币等，也可以快速填充有规律的数据，如学号这类等差序列。当需要输入普通数据时，只需在工作表中选择单元格，然后输入数据并按【Enter】键；当需要输入有规律的数据，如等差序列时，可首先在单元格中输入起始数据，如输入"1"，然后按住【Ctrl】键的同时拖曳该单元格右下角的填充柄，填充等差序列。

　　　　在起始单元格中输入起始数据，然后选择需要填充数据的所有单元格区域，在"开始"/"编辑"组中单击 ⬇填充▾ 按钮，在其下拉列表中选择"序列"命令，打开"序列"对话框，在其中可根据需要设置序列类型、步长值、终止值等参数，最后单击 确定 按钮，便可填充序列数据，如图4-3所示。

技巧

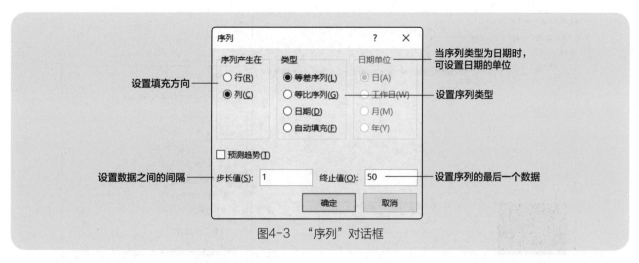

图4-3　"序列"对话框

（2）数据导入

Excel的兼容性较好，可以直接导入Access、文本、网页等各种数据。以导入来自文本文件的数据为例，其方法为：在"数据"/"获取外部数据"组中单击"自文本"按钮 ，打开"导入文本文件"对话框，选择文本文件对象，单击 导入(M) 按钮，如图4-4所示。

图4-4　导入文本文件

此时将打开"文本导入向导"对话框，根据向导提示依次设置文本文件中的原始数据类型、数据之间的分隔符、数据格式，最后在弹出的"导入数据"对话框中指定数据的放置位置，便可将数据导入Excel中，如图4-5所示。

提示　　若要导入网站中的数据，则可在"数据"/"获取外部数据"组中单击"自网站"按钮 ，打开"新建 Web 查询"对话框，在"地址"栏中输入或复制网站地址，单击 转到(G) 按钮，此时将加载对应的网页数据。待加载完成后，单击 导入(M) 按钮，并在打开的"导入数据"对话框中设置数据的放置位置便可完成网页数据的导入操作。

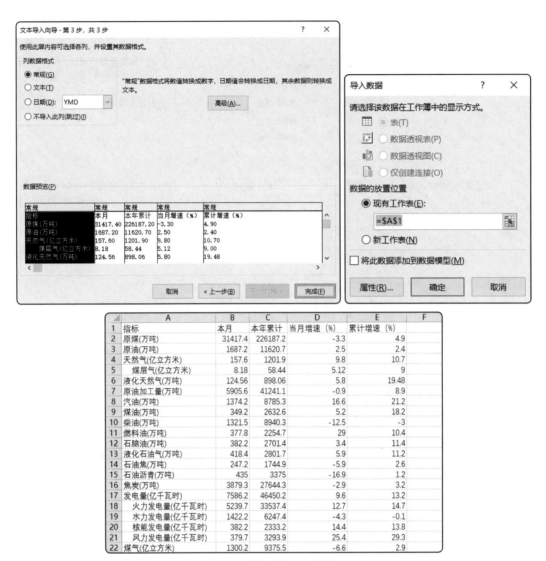

图4-5　文本文件导入的过程

（3）数据引用

数据引用是指引用工作簿、网络或计算机中的其他数据，其方法为：在"数据"/"获取外部数据"组中单击"现有连接"按钮，打开"现有连接"对话框，选择需要连接的文件，单击 打开(O) 按钮，然后根据提示设置引用范围和导入位置，引用指定文件中的数据。

④ 设置数据类型和美化数据

为了确保后续对数据的加工和分析操作可以更好地完成，我们一般应该在采集到数据后，及时对数据进行适当的整理，如设置数据类型、设置数据格式、美化单元格等。

（1）设置数据类型

数据类型可以更加直观地反映数据信息，如反映销售额的数据类型可以设置为货币类型、会计报表中的数据类型可以设置为会计专用类型等。设置数据类型的方法为：选择数据所在的单元格或单元格区域，在"开始"/"数字"组的"数据类型"下拉列表框中选择需要的类型选项。如果该组中现有的参数和按钮无法满足需要，可单击"展开"按钮，在打开的"设置单元格格式"对话框的"数字"选项卡中进行精确设置，如图4-6所示。

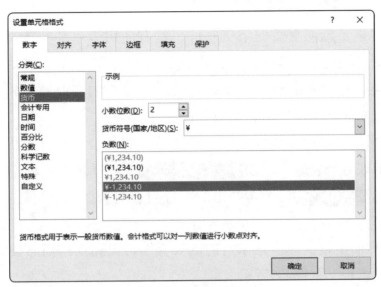

图4-6　设置数据类型

（2）设置数据字体和对齐方式

合适的字体和对齐方式，有助于数据信息的表达。当我们需要设置数据的字体或对齐方式时，可选择数据所在的单元格区域，在"开始"选项卡的"字体"组或"对齐方式"组中进行设置，也可单击各组的"展开"按钮打开"设置单元格格式"对话框中对应的选项卡，在其中进行精确设置。其中，"字体"组打开"设置单元格格式"对话框的"字体"选项卡，"对齐方式"组打开"设置单元格格式"对话框的"对齐"选项卡。

（3）美化单元格

单元格中的数据可以进行格式设置，单元格本身也可以设置边框和填充格式。我们同样可以借助"设置单元格格式"对话框中的"边框"选项卡和"填充"选项卡设置单元格格式，也可以按照以下两种方法快速为单元格应用样式。

● **应用单元格样式**。选择单元格或单元格区域，在"开始"/"样式"组的"单元格样式"下拉列表框中选择某种样式。若选择"新建单元格样式"命令，可自定义需要的单元格样式。

● **套用表格格式**。选择需要套用表格格式的单元格区域，在"开始"/"样式"组中单击"套用表格格式"按钮，在其下拉列表中选择需要的格式选项，打开"套用表格式"对话框，设置表数据来源和是否包含标题，最后单击 确定 按钮，如图4-7所示。

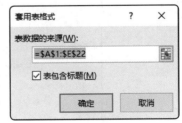

图4-7　套用表格样式

项目任务

任务 1　让八爪鱼帮忙采集数据

八爪鱼采集器是一款网页数据采集软件，具有使用简单、功能强大等特点，它内置了大量的采集模板，模板中已经设置好采集任务和采集内容，启用模板就能快速完成数据采集工作。下面以京东的"商品搜索"模板为例，介绍模板采集的实现方法，其具体操作如下。

微课

让八爪鱼帮忙
采集数据

① 在八爪鱼采集器的官方网站上下载该工具，将其安装到计算机上并启动，输入注册的账号和密码，单击 登录 按钮登录该工具。

② 单击左侧的 ＋新建 按钮，在弹出的下拉列表中选择"模板任务"选项，如图4-8所示。

③ 在显示的界面中依次单击京东对应的模板缩略图和京东商品搜索对应的缩略图，使用京东商品搜索模板，如图4-9所示。

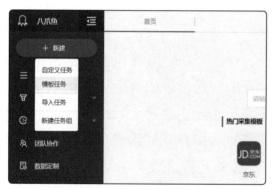

图4-8　新建模板任务

图4-9　使用京东商品搜索模板

④ 打开显示所选模板详情的页面，单击 立即使用 按钮。

⑤ 设置此次采集的任务名、任务组，并配置模板参数，这里将任务名设置为"跑步鞋数据采集"，将搜索关键词设置为"跑步鞋"，将采集页数设置为"5"，完成后单击左下角的 保存并启动 按钮，如图4-10所示。

图4-10　设置采集参数

⑥ 打开"启动任务"对话框，其中包含了多种采集方式，这里单击 启动本地采集 按钮执行本地采集操作，如图4-11所示。

⑦ 八爪鱼采集器开始根据模板设置的内容采集指定的数据，并同步显示采集过程。完成采集工作后，将打开"采集完成"对话框，单击 导出数据 按钮，如图4-12所示。

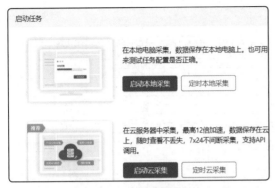

图4-11　选择采集方式

图4-12　完成数据采集

⑧ 打开"导出本地数据（跑步鞋数据采集）"对话框，单击选中"Excel(xlsx)"单选按钮，指定导出方式，单击 确定 按钮，如图4-13所示。

⑨ 打开"另存为"对话框，设置数据导出的位置和文件名称，单击 保存(S) 按钮，如图4-14所示。

图4-13　指定导出方式

图4-14　设置导出位置和文件名称

⑩ 八爪鱼采集器将显示数据的导出进度，出现导出完成的提示后，单击 打开文件 按钮，如图4-15所示。

⑪ 打开Excel软件查看采集到的数据内容，如图4-16所示。

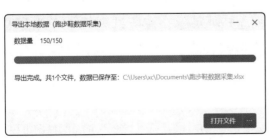

图4-15　导出完成

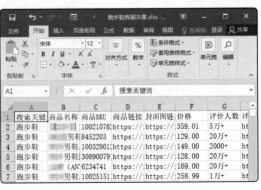

图4-16　查看采集到的数据

任务2 数据类型转换及格式化处理

下面练习对采集到Excel中的数据进行设置，通过本任务将练习到包括行高、列宽、字体格式、对齐方式、数据类型、边框格式、填充格式等一系列数据格式设置的方法，设置前后的对比效果如图4-17所示。其具体操作如下。

指标	本月产量	本年累计	当月增速	累计增速
原煤(万吨	31417.4	226187.2	-0.033	0.049
原油(万吨	1687.2	11620.7	0.025	0.024
天然气(亿	157.6	1201.9	0.098	0.107
煤层气(亿	8.18	58.44	0.0512	0.09
液化天然	124.56	898.06	0.058	0.1948
原油加工	5905.6	41241.1	-0.009	0.089
汽油(万吨	1374.2	8785.3	0.166	0.212
煤油(万吨	349.2	2632.6	0.052	0.182
柴油(万吨	1321.5	8940.3	-0.125	-0.03
燃料油(万	377.8	2254.7	0.29	0.104
石脑油(万	382.2	2701.4	0.034	0.114
液化石油	418.4	2801.7	0.059	0.112
石油焦(	247.2	1744.9	-0.059	0.026
石油沥青(	435	3375	-0.169	0.012
焦炭(	3879.3	27644.3	-0.029	0.032
火力发电	5239.7	33537.4	0.127	0.147
水力发电	1422.2	6247.4	-0.043	-0.001
核能发电	382.2	2333.2	0.144	0.138
风力发电	379.7	3293.9	0.254	0.293
煤气(亿立	1300.2	9375.5	-0.066	0.029

指标	本月产量	本年累计产量	当月增速	累计增速
原煤(万吨)	31,417.4	226,187.2	-3.3%	4.9%
原油(万吨)	1,687.2	11,620.7	2.5%	2.4%
天然气(亿立方米)	157.6	1,201.9	9.8%	10.7%
煤层气(亿立方米)	8.2	58.4	5.1%	9.0%
液化天然气(万吨)	124.6	898.1	5.8%	19.5%
原油加工量(万吨)	5,905.6	41,241.1	-0.9%	8.9%
汽油(万吨)	1,374.2	8,785.3	16.6%	21.2%
煤油(万吨)	349.2	2,632.6	5.2%	18.2%
柴油(万吨)	1,321.5	8,940.3	-12.5%	-3.0%
燃料油(万吨)	377.8	2,254.7	29.0%	10.4%
石脑油(万吨)	382.2	2,701.4	3.4%	11.4%
液化石油气(万吨)	418.4	2,801.7	5.9%	11.2%
石油焦(万吨)	247.2	1,744.9	-5.9%	2.6%
石油沥青(万吨)	435.0	3,375.0	-16.9%	1.2%
焦炭(万吨)	3,879.3	27,644.3	-2.9%	3.2%
火力发电量(亿千瓦时)	5,239.7	33,537.4	12.7%	14.7%
水力发电量(亿千瓦时)	1,422.2	6,247.4	-4.3%	-0.1%
核能发电量(亿千瓦时)	382.2	2,333.2	14.4%	13.8%
风力发电量(亿千瓦时)	379.7	3,293.9	25.4%	29.3%
煤气(亿立方米)	1,300.2	9,375.5	-6.6%	2.9%

图4-17 数据格式设置前后的对比效果

① 打开"能源产品产量.xlsx"工作簿（配套资源：素材/模块4），单击A列列标，在"开始"/"单元格"组中单击"格式"按钮，在弹出的下拉列表中选择"列宽"命令，设置单列列宽，如图4-18所示。

② 打开"列宽"对话框，在"列宽"文本框中输入"21"，单击 确定 按钮，精确设置列宽值，如图4-19所示。

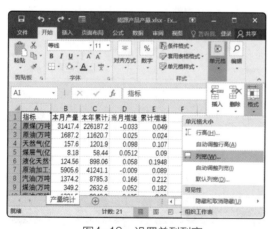

图4-18 设置单列列宽

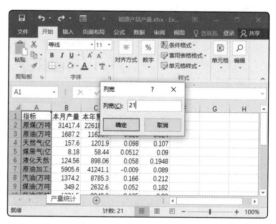

图4-19 精确设置列宽值

③ 按住鼠标左键不放并拖曳鼠标同时选择B列至E列列标，在所选列标上单击鼠标右键，在弹出的快捷菜单中选择"列宽"命令，设置多列列宽，如图4-20所示。

④ 打开"列宽"对话框，在"列宽"文本框中输入"14"，单击 确定 按钮，精确设置多列列宽值，如图4-21所示。

⑤ 将鼠标指针移至第1行和第2行行号的分隔线上，按住鼠标左键不放并拖曳鼠标，将第1行的行高调整为"21.00"，如图4-22所示。

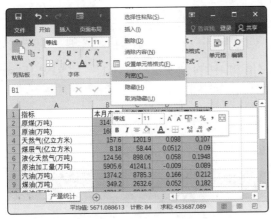

图4-20　设置多列列宽

图4-21　精确设置多列列宽值

⑥ 选择A1:E21单元格区域，在"字体"组的"字体"下拉列表框中选择"方正兰亭细黑简体"选项，在"字号"下拉列表框中选择"10"选项，在"对齐方式"组中单击"左对齐"按钮，如图4-23所示。

图4-22　调整行高

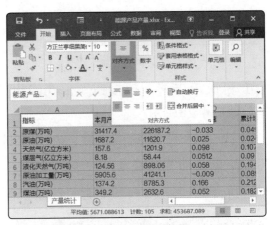

图4-23　设置字体格式和对齐方式

⑦ 选择A1:E1单元格区域，在"字体"组中单击"加粗"按钮，如图4-24所示。

⑧ 选择D2:E21单元格区域，在"数字"组中单击"百分比"按钮，然后继续单击"增加小数位数"按钮，将数据类型调整为带1位小数的百分比数据类型，如图4-25所示。

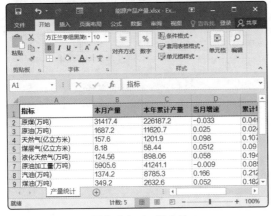

图4-24　加粗字体

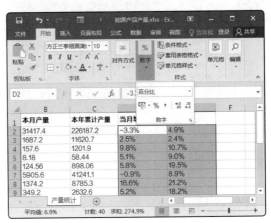

图4-25　设置带1位小数的百分比数据类型

⑨ 选择B2:C21单元格区域，在"数字"组中单击"展开"按钮，打开"设置单元格格式"对话框的"数字"选项卡，在"分类"列表框中选择"数值"选项，单击选中"使用千位分隔符"复选框，将"小数位数"数值框中的值修改为"1"，单击 确定 按钮，设置数据类型，如图4-26所示。

⑩ 选择A1:E21单元格区域，在"字体"组中单击"边框"按钮 右侧的下拉按钮，在弹出的下拉列表中选择"所有框线"选项，添加边框，如图4-27所示。

图4-26　设置数据类型

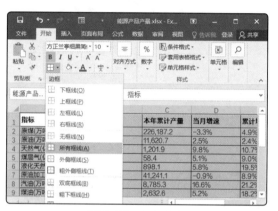

图4-27　添加边框

⑪ 再次单击该下拉按钮，在弹出的下拉列表中选择"粗外侧框线"选项，添加外边框，如图4-28所示。

⑫ 选择A1:E1单元格区域，在"字体"组中单击"填充颜色"按钮 右侧的下拉按钮，在弹出的下拉列表中选择"灰色25%，背景2"选项，设置填充颜色，如图4-29所示（配套资源：效果/模块4/能源产品产量.xlsx）。

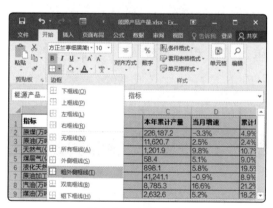

图4-28　添加外边框

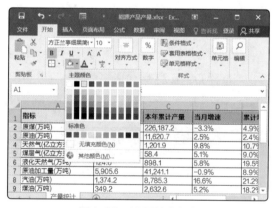

图4-29　设置填充颜色

拓展知识

数据性质

不同的数据有不同的性质，这些性质在进行数据分析时会呈现不同的结果。一般来讲，按不同的性质，数据有定类数据、定序数据、定距数据、定比数据等。

● **定类数据**。这类数据只能对事物进行分类和分组，其数据表现为"类别"，但各类之间无法进行比较。如书包颜色分为红色、蓝色、黄色等，红色、蓝色、黄色即为定类数据，这类数据之间的关系是平等的或并列的，没有等级之分。

● **定序数据**。这类数据可以在对事物分类的同时反映出各数据类别的顺序，虽然其数据仍表现为"类别"，但各类别之间是有序的，可以比较优劣。如用"1"表示小学，"2"表示初中，"3"表示高中，"4"表示大学，"5"表示硕士，"6"表示博士，则可以反映出各对象受教育程度之间的高低差异。

● **定距数据**。这类数据不仅能比较各类事物的优劣，还能计算出事物之间差异的大小，其数据表现为"数值"。如小李的英语成绩为80分，小孙的英语成绩为85分，则可知小孙的英语成绩比小李的英语成绩高5分。需要注意的是，定距数据可以进行加减运算，但不能进行乘除运算，其原因在于定距数据中没有绝对零点。

● **定比数据**。这类数据表现为数值，可以进行加、减、乘、除运算，没有负数。与定距数据相比，定比数据存在绝对零点。如温度就是典型的定距数据，因为在摄氏温度中，0℃表示在海平面高度上水结冰的温度，不存在绝对零点。但对于销售人员的销量而言，"0"就表示没有成交量，属于绝对零点，所以销量属于定比数据。在实际生活中，"0"在大多数情况下均表示事物不存在，如长度、高度、利润、薪酬、产值等，所以在统计分析中接触的数据类型多为定比数据。

● 关键词：**数据性质　统计分析**

课后练习

在Excel中导入"招聘数据.txt"文本文档的数据（配套资源：素材/模块4），然后适当对导入的数据格式进行设置，参考效果如图4-30所示（配套资源：效果/模块4/招聘数据.xlsx）。

	A	B	C	D	E	F	G
1	序号	职位	工作地点	月薪下限（元）	月薪上限（元）	工作经验	学历
2	1	数据分析师	杭州	¥12,000	¥24,000	1~3年	大专
3	2	数据分析师	北京	¥12,000	¥24,000	3~5年	大专
4	3	数据分析师	杭州	¥12,000	¥24,000	1年以内	本科
5	4	数据分析师	北京	¥12,000	¥24,000	1年以内	本科
6	5	数据分析师	上海	¥15,000	¥26,000	应届毕业生	本科双学位
7	6	数据分析师	上海	¥15,000	¥20,000	1~3年	大专
8	7	数据分析师	上海	¥15,000	¥20,000	3~5年	大专
9	8	数据分析师	上海	¥15,000	¥20,000	1年以内	本科
10	9	数据分析师	北京	¥15,000	¥25,000	1~3年	本科
11	10	数据分析师	广州	¥15,000	¥25,000	应届毕业生	本科双学位
12	11	数据分析师	深圳	¥15,000	¥25,000	应届毕业生	本科双学位
13	12	数据分析师	北京	¥15,000	¥30,000	1~3年	大专
14	13	数据分析师	北京	¥15,000	¥30,000	1年以内	本科
15	14	数据分析师	北京	¥17,000	¥30,000	1~3年	本科
16	15	数据分析师	北京	¥20,000	¥25,000	应届毕业生	本科双学位
17	16	数据分析师	杭州	¥20,000	¥30,000	1~3年	本科
18	17	数据分析师	深圳	¥20,000	¥30,000	应届毕业生	本科双学位
19	18	数据分析师	北京	¥20,000	¥30,000	应届毕业生	本科双学位

图4-30　导入并设置后的数据效果

项目 4.2　加工数据

如果采集到的数据存在不完整、不一致或有异常等缺陷，就很有可能影响数据分析的最终结果。因此，在数据分析前对采集到的数据进行加工就显得尤为重要。加工数据主要是对数据进行清理、计算、排序、筛选等操作。

学习要点

◎ 数据清理基础知识。
◎ 使用公式和函数计算数据。
◎ 对数据进行排序、筛选与分类汇总。

 相关知识

① 数据清理

数据清理主要是对重复的数据进行筛选清除，将缺失的数据补充完整，对错误的数据进行更正等，如图4-31所示。

清理重复数据	清理缺失数据	清理错误数据
列方向字段重复	补充缺失内容	逻辑错误
行方向记录重复	删除无法补充的数据	格式错误

图4-31　数据清理的主要内容

② 数据计算

数据计算是指对数据进行各种算术和逻辑运算，以便得到进一步的有用信息。在Excel中，数据计算最常用的方法是使用公式和函数进行运算。

● **使用公式**。Excel中的公式即对工作表中的数据进行计算的等式，它以"="开始，通过各种运算符号，将值或常量和单元格引用、函数返回值等组合起来，形成公式表达式，如图4-32所示。公式是计算表格数据非常有效的工具。

● **使用函数**。函数相当于预设好的公式，通过这些函数公式可以简化公式输入过程，提高计算效率。Excel中的函数一般包括"="、函数名称和函数参数3个部分，如图4-33所示。其中，函数名称表示函数的功能，每个函数都具有唯一的函数名称；函数参数指函数运算对象，可以是数字、文本、逻辑值、表达式、引用或其他函数等。

图4-32　Excel中的公式

图4-33　Excel中的函数

③ 数据管理

数据管理是指对数据进行排序、筛选、分类汇总等操作，通过这些操作可以将数据加工成数据分析时需要的内容。

● **数据排序**。数据排序是指将表格数据以某个项目或多个项目为标准，按该项目的数据大小从低到高进行升序排列，或从高到低进行降序排列，如图4-34所示。

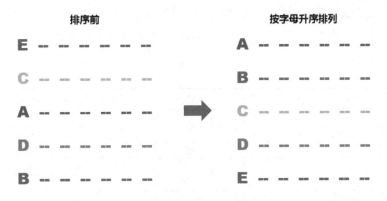

图4-34　数据排序示意图

● **数据筛选**。数据筛选是指对表格中的某个项目或多个项目设置条件，筛选出符合这些条件的数据，暂时隐藏不符合条件的数据，如图4-35所示。

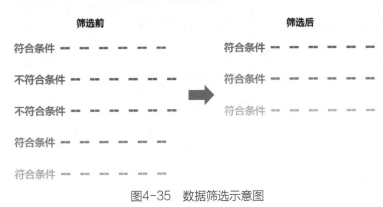

图4-35　数据筛选示意图

● **数据分类汇总**。数据分类汇总是指首先对表格数据进行排序，然后汇总出各类别的结果，如图4-36所示。

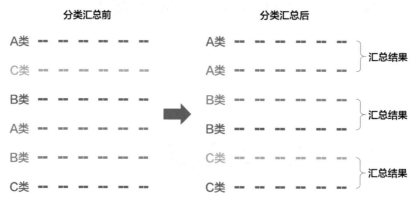

图4-36　数据分类汇总示意图

项目任务

任务 1　清理重复数据并计算培训成绩

数据加工是数据分析不可忽略的一个重要环节，它可以进一步保证数据的质量，为分析结果提供强有力的保障。本任务将利用Excel的"删除重复项"功能清理表格中的重复数据，然后利用公式和函数计算每个学生的培训成绩，制作后的表格参考效果如图4-37所示。其具体操作如下。

微课

清理重复数据
并计算培训
成绩

序号	姓名	办公软件	财务知识	法律知识	职业素养	总成绩	平均成绩
1	王鸿哲	99	94	99	75	367	91.8
2	周曼文	80	92	85	89	346	86.5
3	刘海超	86	92	98	85	361	90.3
4	张运鹏	95	88	83	93	359	89.8
5	沈辰宇	100	85	93	79	357	89.3
6	魏俊晖	85	92	86	78	341	85.3
7	卢云天	75	85	87	79	326	81.5
8	李震博	98	97	100	85	380	95.0
9	宋鸿博	85	91	77	80	333	83.3

图4-37　培训成绩表参考效果

① 打开"培训成绩.xlsx"工作簿（配套资源：素材/模块4），在"数据"/"数据工具"组中单击"删除重复项"按钮，如图4-38所示。

② 打开"删除重复项"对话框，在其中的列表框中单击选中"序号"和"姓名"复选框，表示检查这两个项目的重复情况，单击 确定 按钮，如图4-39所示。

③ Excel将自动检查并删除重复值，完成后将打开提示对话框，单击 确定 按钮，如图4-40所示。

④ 选择G2单元格，在编辑栏中单击"插入函数"按钮 ƒx，如图4-41所示。

图4-38　单击"删除重复项"按钮

图4-39　指定检查重复项的两个项目

图4-40　删除重复值

图4-41　插入函数

提示　　如果对函数语法结构非常熟悉，可以不通过插入函数的方式来应用函数并计算数据，而直接选择目标单元格，在其中输入函数内容。需要注意的是，无论公式还是函数，都应该在英文输入法状态下进行输入。

⑤ 打开"插入函数"对话框，在"选择函数"列表框中选择"SUM"选项，单击 确定 按钮，如图4-42所示。

⑥ 打开"函数参数"对话框，将"Number1"文本框中的内容删除，然后拖曳鼠标选择C2:F2单元格区域，表示对该单元格区域中的数据求和，如图4-43所示。

图4-42　选择"SUM"选项

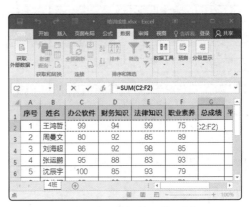

图4-43　选择单元格区域

注意　SUM函数即求和函数，是常用的一种函数，可以直接在"插入函数"对话框中找到。如果需要的是其他不常用的函数，则应该在该对话框的"或选择类别"下拉列表框中选择类别后，再通过"选择函数"列表框选择。

⑦ 返回"函数参数"对话框，单击　确定　按钮，确认参数，如图4-44所示。

⑧ 拖曳G2单元格右下角的填充柄至G10单元格，通过填充函数的方式快速计算其他学生的总成绩，如图4-45所示。

图4-44　确认参数

图4-45　填充函数

⑨ 选择H2单元格，在编辑栏中输入公式"=G2/4"，表示将总成绩除以培训考试的科目数，如图4-46所示。

⑩ 按【Ctrl+Enter】组合键返回计算结果并选择当前单元格，拖曳其填充柄至H10单元格，填充公式，快速计算其他学生的平均成绩，如图4-47所示（配套资源：效果/模块4/培训成绩.xlsx）。

图4-46　输入公式

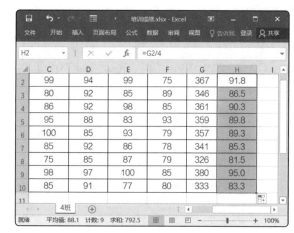

图4-47　填充公式

任务2　管理计算机配件价格数据

利用排序、筛选、分类汇总等操作，可以更好地了解并整理表格数据。本任务将练习在表格中对计算机配件按价格进行排序，筛选出指定配件的价格数据，并对各类配件的平均价格进行分类汇总，制作后的参考效果如图4-48所示。其具体操作如下。

1 2 3	A	B	C	D	E	F	G	H
1	序号	配件	型号	价格				
2	1	CPU	Corei5 10400F	¥1,030.0				
3	3	CPU	Ryzen 7 5700G	¥2,599.0				
4	8	CPU	Corei5 11400	¥1,530.0				
5	12	CPU	Corei7 11700K	¥2,599.0				
6	18	CPU	Ryzen 7 5800X	¥2,489.0				
7	20	CPU	Corei7 11700KF	¥2,549.0				
8	21	CPU	Ryzen 5 5600X	¥1,699.0				
9	23	CPU	Ryzen 5 5600G	¥1,899.0				
10	26	CPU	Corei3 10105F	¥699.0				
11	29	CPU	Corei5 10400	¥1,199.0				
12		**CPU 平均值**		¥1,829.2				
23		**显卡 平均值**		¥3,959.0				
34		**主板 平均值**		¥1,056.9				
35		**总计平均值**		¥2,281.7				
36								
37								

图4-48 分类汇总后的表格数据

微课

管理计算机
配件价格数据

① 打开"计算机配件.xlsx"工作簿（配套资源：素材/模块4），在"数据"/"排序和筛选"组中单击"排序"按钮 ᵃᵃ，如图4-49所示。

② 打开"排序"对话框，在"主要关键字"下拉列表框中选择"价格"选项，在右侧对应的"次序"下拉列表框中选择"降序"选项，设置主要关键字，如图4-50所示。

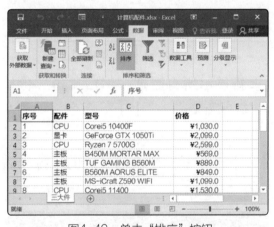

图4-49 单击"排序"按钮

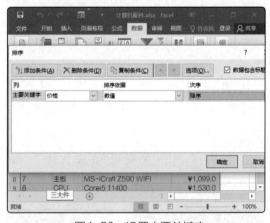

图4-50 设置主要关键字

③ 继续在对话框中单击 添加条件(A) 按钮，在"次要关键字"下拉列表框中选择"序号"选项，在右侧对应的"次序"下拉列表框中选择"升序"选项，单击 确定 按钮，设置次要关键字，如图4-51所示。

④ 此时表格中的数据将按照价格从大到小（降序）排列。当价格相同时，则按序号从小到大（升序）排列。排序结果如图4-52所示。

⑤ 在"排序和筛选"组中单击"筛选"按钮 ▼，然后单击"配件"项目右侧出现的下拉按钮，在弹出的下拉列表中仅单击选中"主板"复选框，单击 确定 按钮，如图4-53所示。

⑥ 此时表格中将仅显示配件为主板的数据情况，如图4-54所示。

图4-51　设置次要关键字

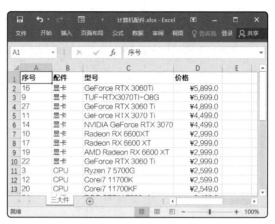

图4-52　排序结果

图4-53　筛选配件

图4-54　筛选结果

⑦ 单击"排序和筛选"组中的 清除 按钮，重新显示所有数据。然后单击"价格"项目右侧的下拉按钮，在弹出的下拉列表中选择"数字筛选"/"小于"命令，如图4-55所示。

⑧ 打开"自定义自动筛选方式"对话框，在"小于"下拉列表框右侧的下拉列表框中输入"2000"，单击 确定 按钮，如图4-56所示。

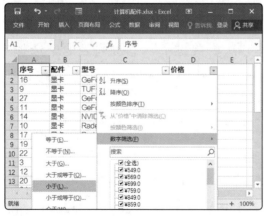

图4-55　按数字筛选

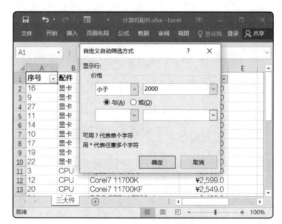

图4-56　自定义筛选

⑨ 此时将仅显示出价格低于2000元的配件信息，筛选结果如图4-57所示。

⑩ 再次单击"排序和筛选"组中的 ▼清除 按钮重新显示所有数据。选择B2单元格，单击"排序和筛选"组中的"升序"按钮 A↓，按配件类型排序，如图4-58所示。

图4-57　筛选结果

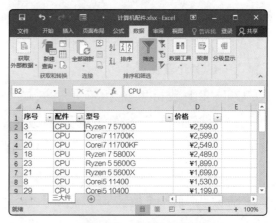

图4-58　按配件类型排序

⑪ 在"数据"/"分级显示"组中单击"分类汇总"按钮，打开"分类汇总"对话框，在"分类字段"下拉列表框中选择"配件"选项，在"汇总方式"下拉列表框中选择"平均值"选项，在"选定汇总项"列表框中单击选中"价格"复选框，单击 确定 按钮，如图4-59所示。

⑫ Excel此时将汇总出不同类型配件的平均价格。为了更直观地查看汇总结果，可单击表格左侧的"2级"按钮 2，仅显示分类汇总的2级数据，如图4-60所示（配套资源：效果/模块4/计算机配件.xlsx）。

图4-59　设置分类汇总

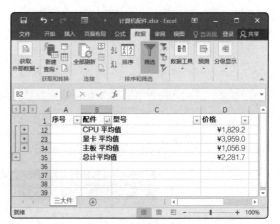

图4-60　查看汇总结果

拓展知识

充分利用函数解决数据问题

Excel具有强大的计算功能，且预设了大量的函数，我们可以充分借助这些函数来完成数据计算。下面介绍几种常见函数的使用方法。

（1）SUMIF函数

SUM函数可以实现求和的功能，而SUMIF函数则可以实现只对单元格区域中符合条件的值求和，其语法格式为SUMIF(range, criteria)。如"=SUMIF(A1:A18,">5")"表示将A1:A18单元格区域中大于 5 的数值相加。

（2）COUNTIF函数

COUNT函数可以统计单元格区域中单元格的数量，而COUNTIF 函数则可以统计出单元格区域中符合条件的单元格数量，其语法格式为COUNTIF(range, criteria)。如"=COUNTIF(B1:B18,"王凯")"表示B1:B18单元格区域中内容为"王凯"的单元格数量。

（3）IF函数

IF函数为判断函数，可以自行设定条件，并根据是否满足条件返回对应的值，其语法格式为IF(Logical_test,Value_if_true,Value_if_false)。如"=IF(A1>10,"正确","错误")"表示如果A1单元格中的值大于10，则返回文本"正确"，如果小于或等于10，则返回文本"错误"。

（4）ROUND函数

ROUND 函数为四舍五入函数，并可以指定四舍五入的位数。其语法格式为：ROUND(number, num_digits)。如"=ROUND(58.7852, 2)"，返回的结果就是58.79。

（5）INT函数

INT函数为取整函数，能返回指定的数字取整后小于或等于它的整数，其语法格式为INT(number)。如"=INT(2.9)"将返回"2"，"=INT(-8.6)"则返回"-9"。

（6）VLOOKUP函数

VLOOKUP函数是纵向查找函数，通过按列查找的方式，返回该列所需查询值所对应的值，其语法格式为VLOOKUP(lookup_value,table_array,col_index_num)。如"=VLOOKUP(H2,A1:F5,6)"表示在A1:F5单元格区域中查询H2单元格的数据在该区域中对应的第6列的数据，如图4-61所示。

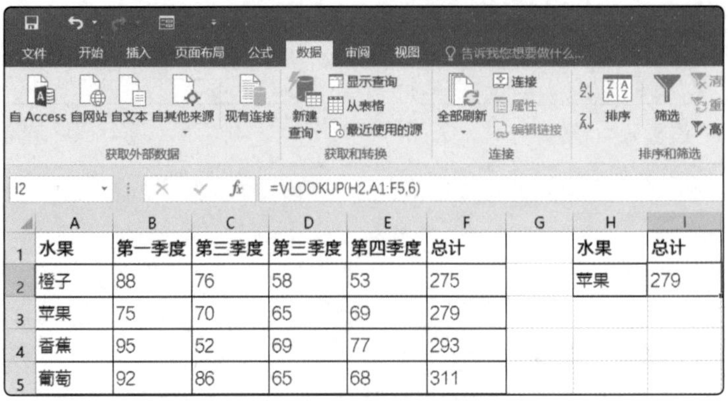

图4-61　VLOOKUP函数的应用

● 关键词：SUMIF　COUNTIF　IF　ROUND　INT　VLOOKUP

课后练习

打开"绩效考核.xlsx"工作簿（配套资源：素材/模块4），利用公式计算各员工的任务完成率、销售增长率、回款完成率，利用IF函数对任务完成率等于或高于100%的给出"优秀"评语，对低于100%的给出"不合格"评语，参考效果如图4-62所示。接着管理表格数据，要求按销售增长率降序排列，若销售增长率相等，则按回款完成率降序排列。筛选出本月销售额低于90000的数据，最后按评语分类汇总出优秀业绩的本月平均销售额和不合格业绩的本月平均销售额（配套资源：效果/模块4/绩效考核.xlsx）。

姓名	上月销售额	本月任务	本月销售额	计划回款额	实际回款额	任务完成率	销售增长率	回款完成率	评语
郭呈瑞	73854.1	54631.8	80936.0	53620.1	96111.5	148.1%	9.6%	179.2%	优秀
赵子俊	56655.2	96111.5	97123.2	55643.5	77900.9	101.1%	71.4%	140.0%	优秀
李全友	88017.9	56655.2	89029.6	53620.1	76889.2	157.1%	1.1%	143.4%	优秀
王晓涵	73854.1	54631.8	85994.5	71830.7	87006.2	157.4%	16.4%	121.1%	优秀
杜海强	58678.6	51596.7	61713.7	55643.5	91053.0	119.6%	5.2%	163.6%	优秀
张嘉轩	89029.6	53620.1	74865.8	56655.2	97123.2	139.6%	−15.9%	171.4%	优秀
张晓伟	54631.8	60702.0	65760.5	76889.2	92064.7	108.3%	20.4%	119.7%	优秀
邓超	70819.0	64748.8	83971.1	94088.1	88017.9	129.7%	18.6%	93.5%	优秀
李琼	76889.2	59690.3	70819.0	70819.0	91053.0	118.6%	−7.9%	128.6%	优秀
罗玉林	90041.3	75877.5	91053.0	91053.0	101170.0	120.0%	1.1%	111.1%	优秀
刘梅	91053.0	77900.9	93076.4	51596.7	56655.2	119.5%	2.2%	109.8%	优秀
周羽	91053.0	94088.1	100158.3	56655.2	62725.4	106.5%	10.0%	110.7%	优秀
刘红芳	59690.3	95099.8	84982.8	94088.1	88017.9	89.4%	42.4%	93.5%	不合格

图4-62　绩效考核表格参考效果

项目 4.3　分析数据

数据分析是为了最大限度发挥数据的作用，实现其隐藏的价值。一般情况下，为了更直观地反映出数据的信息，我们会采用数据可视化的方式来呈现数据，这就需要借助各种类型的图表，以及具有交互性质的数据透视表和数据透视图等工具。

学习要点
◎ 数据可视化与分析方法。
◎ 图表的类型与组成。
◎ 图表、数据透视表、数据透视图的应用。

相关知识

① 数据可视化与分析方法
人们的大脑更喜欢接收视觉获取的信息量，因此将枯燥的数字变为可视化的图形，

有助于更好地理解数字需要传达的信息，而常用的可视化分析方法主要有以下几种。

● **对比分析**。此方法通常是把两个或多个有一定联系的数据指标进行比较，从数量上展示和说明被对比对象规模大小、水平高低、速度快慢等，如图4-63所示。

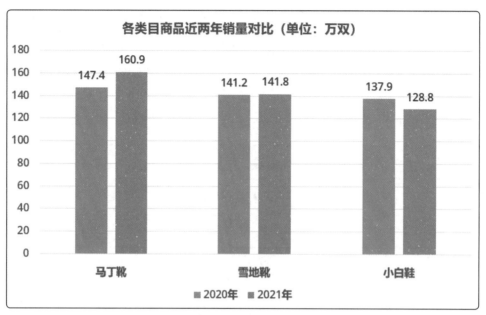

图4-63　对比分析的可视化效果

● **趋势分析**。此方法一般适用于某些指标或维度的长期跟踪，一方面可以看出所分析对象的变化情况，另一方面可以发现变化趋势中明显的拐点，以便分析出现拐点的原因，如图4-64所示。

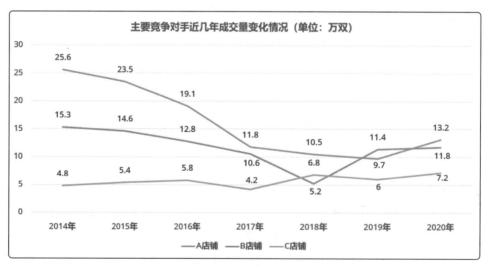

图4-64　趋势分析的可视化效果

● **占比分析**。此方法可以直观地看到各项数据所占据的比例大小，从而快速找准处于核心地位或起关键作用的数据对象，如图4-65所示。

● **分布分析**。此方法可以使人根据分布的频繁程度找到数据规律，从而对数据结构有更加清晰的认识，如图4-66所示。

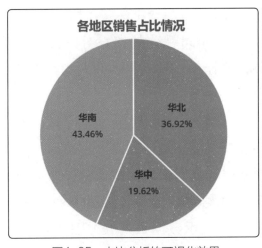

图4-65   占比分析的可视化效果

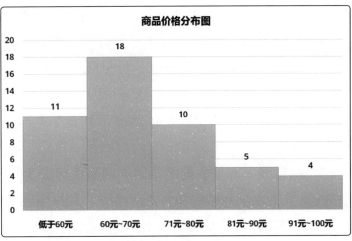

图4-66   分布分析的可视化效果

2 图表的类型与组成

不同的分析方法，会选用不同的图表类型。一般来说，数据对比可视化分析，常用到的图表类型有柱形图、条形图等；数据趋势可视化分析，常用到的图表类型有折线图、面积图等；数据占比可视化分析，常用到的图表类型有饼图、圆环图等；数据分布可视化分析，常用到的图表类型有散点图、气泡图、直方图等。

同时，不同的图表，其组成结构也各不相同。下面以二维柱形图为例介绍图表的组成情况，该图表的对象包括图表标题、图例、数据系列、数据标签、网格线和坐标轴等，如图4-67所示。

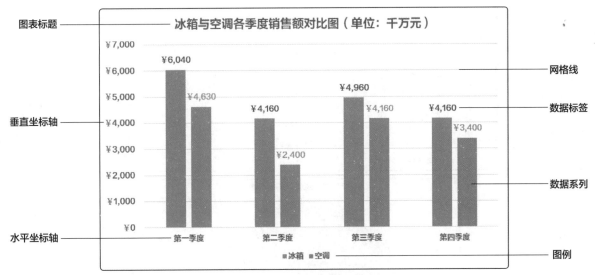

图4-67   二维柱形图的组成

● **图表标题**。即图表名称，通过该名称可大致了解图表内容。我们可以根据需要选择是否在图表中显示图表标题。

● **图例**。表明数据系列对应的内容，例如图4-67中通过图例可以发现蓝色的数据系列代表冰箱的销售额情况，橙色的数据系列代表空调的销售额情况。当图表中仅存在一种数据系列时，图例可以删除，但当图表中存在多个数据系列时，图例是应该存在的。

● **数据系列**。图表中的图形部分就是数据系列，是数据可视化的核心对象，数据系列中每一种图形对应一组数据，且呈现统一的颜色或图案。一个图表中可以同时存在多组数据系列，也可以仅有一组数据系列，但不可能没有数据系列。

● **数据标签**。数据标签可以显示数据系列代表的具体数据，可根据情况将其显示或隐藏在图表中。

● **网格线**。根据方向的不同，网格线可分为横网格线和纵网格线；根据主次的不同，网格线又分为主要网格线和次要网格线。其作用都是更好地表现数据系列代表的数据大小。

● **坐标轴**：分为水平坐标轴和垂直坐标轴，用于辅助显示数据系列的类别和大小。

项目任务

任务 1　综合应用多种图表分析数据

本任务将利用柱形图、折线图和饼图依次分析材料采购图表中上半年各材料的采购量对比情况、单个材料的采购量趋势变化情况，以及不同类别材料的采购量占比情况，制作后的参考效果如图4-68所示。其具体操作如下。

微课

综合应用多种
图表分析数据

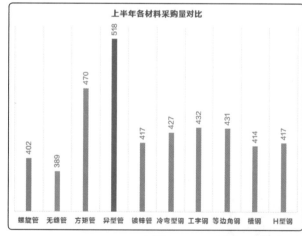

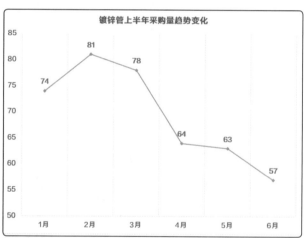

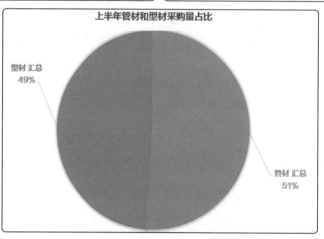

图4-68　材料采购图表的参考效果

① 打开"材料采购.xlsx"工作簿（配套资源：素材/模块4），在K1单元格中输入"累计"，选择K2:K11单元格区域，在"公式"/"函数库"组中单击"自动求和"按钮 $\sum$，自动计算各材料的累计采购量，如图4-69所示。

② 选择B2:B11单元格区域，按住【Ctrl】键加选K2:K11单元格区域，在"插入"/"图表"组中单击"插入柱形图或条形图"按钮 ，在弹出的下拉列表中选择第1种图表选项，如图4-70所示。

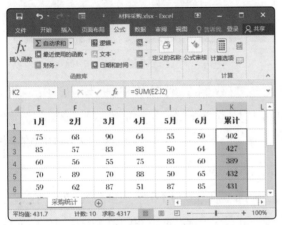

图4-69　自动求和

图4-70　选择图表类型

③ 双击所创建的图表左侧的垂直坐标轴，打开"设置坐标轴格式"任务窗格，在"最小值"文本框中输入"350"，调整垂直坐标轴的最小值边界，如图4-71所示。

④ 在"图表工具-设计"/"图表样式"组的"样式"下拉列表框中选择"样式2"选项，快速为图表应用预设的样式效果，如图4-72所示。

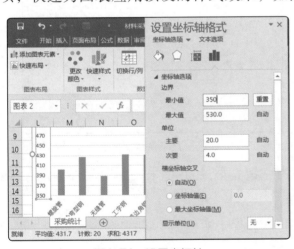

图4-71　设置坐标轴

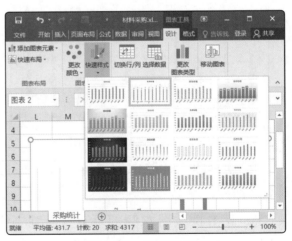

图4-72　应用图表样式

⑤ 选择图表标题中的文本内容，将其修改为"上半年各材料采购量对比"，如图4-73所示。

⑥ 拖曳图表右下角的控制点，适当增加图表尺寸，然后在"开始"/"字体"组中将图表字体格式设置为"方正兰亭中黑简体，12号"，如图4-74所示。

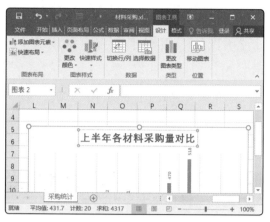

图4-73　输入图表标题

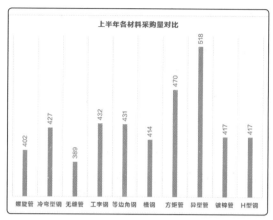

图4-74　设置图表尺寸和字体

⑦ 选择图表中的数据系列，然后选择异型管对应的数据系列将其单独选中，在"图表工具-格式"/"形状样式"组中利用 形状填充 ▾ 按钮将其填充为红色，然后将无缝管对应的数据系列填充为绿色，如图4-75所示。由图可以直观地看到在上半年这个阶段，异型管的采购量最高，无缝管的采购量最低，其余材料采购量均在400～500之间。

⑧ 选择E1:J1单元格区域，按住【Ctrl】键加选E10:J10单元格区域，在"插入"/"图表"组中单击"插入折线图或面积图"按钮 ⋙ ▾ ，在弹出的下拉列表中选择第1种图表选项，如图4-76所示。

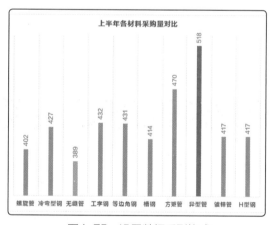

图4-75　设置数据系列格式

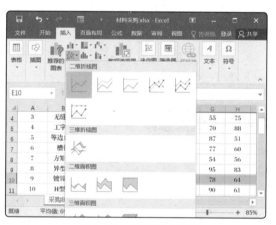

图4-76　选择图表类型

⑨ 选择图表标题中的文本内容，将其修改为"镀锌管上半年采购量趋势变化"，如图4-77所示。

⑩ 双击折线图左侧的垂直坐标轴，打开"设置坐标轴格式"任务窗格，在"最小值"文本框中输入"50.0"，调整垂直坐标轴的最小值边界，如图4-78所示。

⑪ 在"图表工具-设计"/"图表样式"组的"样式"下拉列表框中选择"样式13"选项，适当增加图表尺寸，然后在"开始"/"字体"组中将图表字体格式设置为"方正兰亭中黑简体，12号"，如图4-79所示。

⑫ 在"图表工具-设计"/"图表布局"组中单击"添加图表元素"下拉按钮 ▦，在弹出的下拉列表中选择"数据标签"/"上方"选项，如图4-80所示。

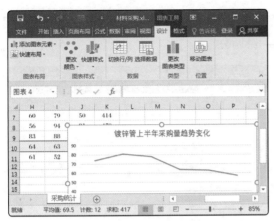

图4-77　输入图表标题

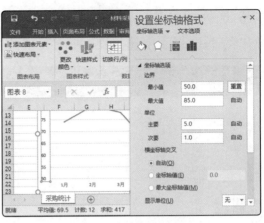

图4-78　设置坐标轴

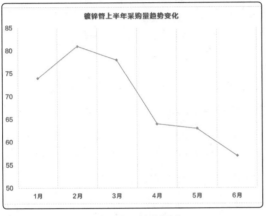

图4-79　美化图表

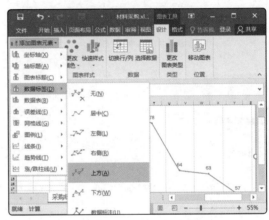

图4-80　添加数据标签

⑬ 选择添加的数据标签，将其字体加粗描红处理，如图4-81所示。由图可知，该材料上半年采购量呈明显下降的趋势变化。

⑭ 对表格数据进行分类汇总，计算出管材和型材上半年的累计采购量，如图4-82所示。

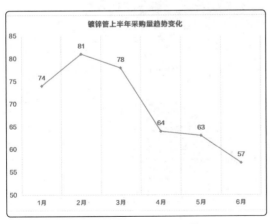

图4-81　设置数据标签

图4-82　数据分类汇总

品名	类别	单位	1月	2月	3月	4月	5月	6月	累计
螺旋管	管材	吨	75	68	90	64	55	50	402
无缝管	管材	吨	60	56	75	83	66	50	389
方矩管	管材	吨	98	87	54	56	94	81	470
异型管	管材	吨	88	86	95	83	88	78	518
镀锌管	管材	吨	74	81	78	64	63	57	417
管材 汇总									2196
冷弯型钢	型材	吨	85	57	83	88	50	64	427
工字钢	型材	吨	70	89	70	88	50	65	432
等边角钢	型材	吨	59	62	87	51	87	85	431
槽钢	型材	吨	65	83	77	60	79	50	414
H型钢	型材	吨	78	85	90	61	52	51	417
型材 汇总									2121
总计									4317

⑮ 将得到的汇总数据复制下来，然后删除分类汇总，并将数据按采购编号升序排列，如图4-83所示。

⑯ 选择汇总数据，在"插入"/"图表"组中单击"插入饼图或圆环图"按钮 ，在弹出的下拉列表中选择第1种图表样式，如图4-84所示。

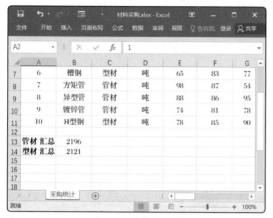

图4-83　复制数据

图4-84　选择图表样式

> **提示**　分类汇总数据后，在"数据"/"分级显示"组中单击"分类汇总"按钮 ▦ ，打开"分类汇总"对话框，单击 全部删除(R) 按钮可删除分类汇总结果，使数据恢复到汇总前的状态。

⑰ 选择插入的饼图，在"图表工具-设计"/"图表样式"组的"样式"下拉列表框中选择"样式9"选项，适当增加图表尺寸，将图表字体格式设置为"方正兰亭中黑简体、12号"，并将图表标题修改为"上半年管材和型材采购量占比"，如图4-85所示。

⑱ 双击数据标签，打开"设置数据标签格式"任务窗格，在"标签包括"栏中单击选中"类别名称""百分比""显示引导线"复选框，在"分隔符"下拉列表框中选择"（分行符）"选项，如图4-86所示。

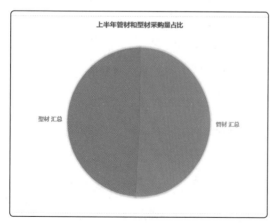

图4-85　设置图表样式和标题

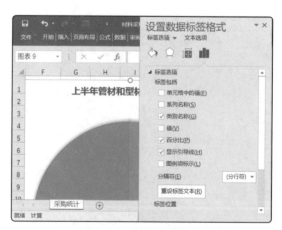

图4-86　设置数据标签

⑲ 单独选择一个数据标签，将其拖曳到其他位置以显示出引导线，如图4-87所示（配套资源：效果/模块4/材料采购.xlsx）。由图可知，上半年两种材料的采购量占比几乎相当。

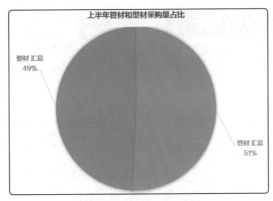

图4-87　移动数据标签

任务2　使用数据透视图表对象分析数据

微课

使用数据透视
图表对象分析
数据

　　通过任务1可以发现，在同一个表格中，如果需要分析不同的结果，则会新建多种不同的图表。为了避免这种麻烦，Excel提供了数据透视图表工具，通过不同的字段布局，就能得到不同的分析结果，这样大大简化了操作。下面便在表格中创建数据透视表和数据透视图对象，使用它们来分析数据，如图4-88所示。其具体操作如下。

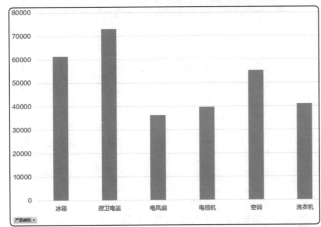

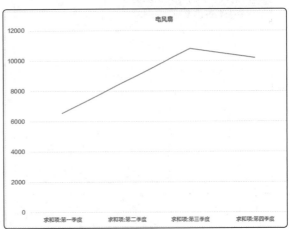

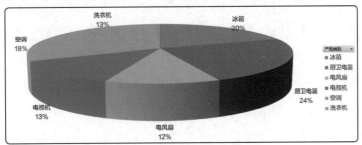

图4-88　数据透视图参考效果

　　① 打开"家电销量.xlsx"工作簿（配套资源：素材/模块4），选择A1:G16单元格区域，在"插入"/"表格"组中单击"数据透视表"按钮，如图4-89所示。

　　② 打开"创建数据透视表"对话框，单击选中"新工作表"单选按钮，单击 确定 按钮，如图4-90所示。

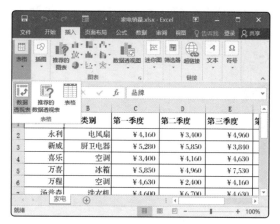

图4-89　创建数据透视表

图4-90　指定数据透视表位置

③ 此时将在新工作表中创建一个空白的数据透视表并同时打开"数据透视表字段"任务窗格，将窗格上方的"品牌"字段拖曳到"行"区域，将"全年销量"字段拖曳到"值"区域，便可显示各品牌的全年销量数据，如图4-91所示。

④ 将"行"区域中的"品牌"字段拖曳出任务窗格，重新将"产品类别"字段拖曳到该区域，便可显示各类别产品的全年销量数据，如图4-92所示。

图4-91　添加字段

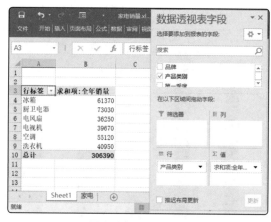

图4-92　更改字段

⑤ 下面在数据透视表的基础上创建数据透视图。选择数据透视表中的任意包含数据的单元格，在"数据透视表工具-分析"/"工具"组中单击"数据透视图"按钮，如图4-93所示。

⑥ 打开"插入图表"对话框，在其中可选择数据透视图的图表类型，这里保持默认设置，直接单击 确定 按钮，如图4-94所示。

⑦ 为了更好地分析图表，下面需要将数据透视图移动到新的工作表中。选择创建的数据透视图，在"数据透视图工具-设计"/"位置"组中单击"移动图表"按钮，如图4-95所示。

⑧ 打开"移动图表"对话框，单击选中"新工作表"单选按钮，在其后的文本框中可设置新工作表的名称，这里输入"交互可视化分析"，单击 确定 按钮，如图4-96所示。

图4-93　创建数据透视图

图4-94　选择图表类型

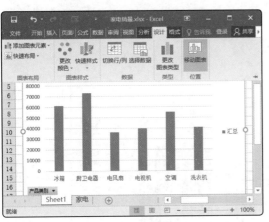

图4-95　移动图表

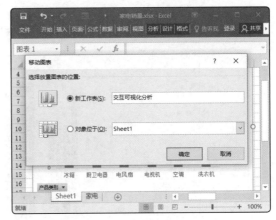

图4-96　指定图表位置和名称

⑨ 此时数据透视图将以新工作表的形式呈现，从中可了解到各类型家电的全年销量，如图4-97所示。

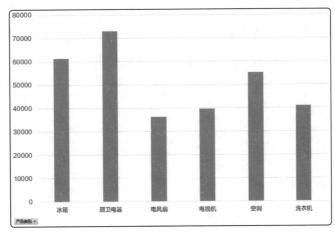

图4-97　各家电的全年销量对比

⑩ 下面分析某类型家电的销售趋势。在"数据透视图字段"任务窗格中将"值"区域中的"全年销量"字段删除，重新添加4个季度对应的字段，如图4-98所示。

⑪ 单击数据透视表左下角的 产品类别 ▼ 按钮，在弹出的下拉列表中单击选中"电风扇"复选框，然后单击 确定 按钮，如图4-99所示。

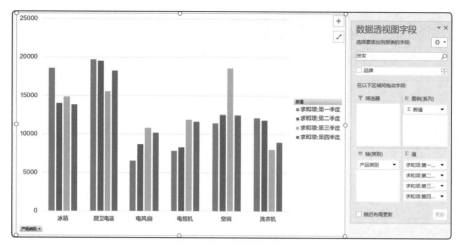

图4-98　调整字段

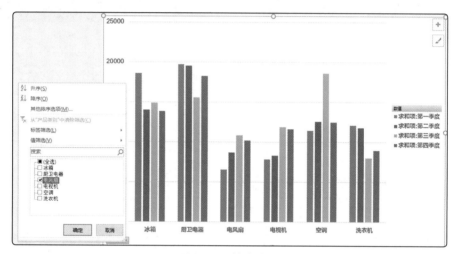

图4-99　筛选数据

⑫ 单击"数据透视图工具-设计"/"数据"组中的"切换行/列"按钮，然后单击"类型"组中的"更改图表类型"按钮，在打开的对话框中将图表类型更改为二维折线图，如图4-100所示。由图可知电风扇各季度销量呈增长趋势。

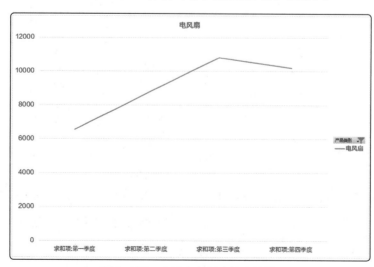

图4-100　电风扇各季度销量趋势

⑬ 下面分析各类别家电的去年销量占比。单击数据透视图右侧的 产品类别 ▼ 按钮，在弹出的下拉列表中选择"从'产品类别'中清除筛选"选项，然后单击"数据透视图工具-设计"/"数据"组中的"切换行/列"按钮重新调整行列数据。接着在"数据透视图字段"任务窗格中将"值"区域中的多个季度字段删除，重新将"全年销量"字段添加进来。然后单击"类型"组中的"更改图表类型"按钮，在打开的对话框中将图表类型更改为三维饼图，如图4-101所示。

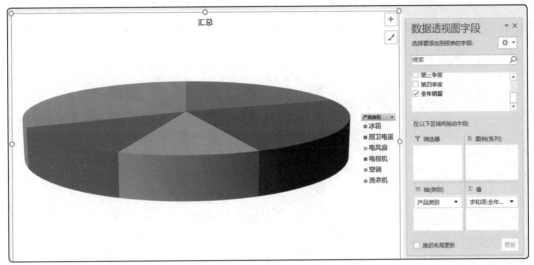

图4-101 各家电全年销售占比

⑭ 在"数据透视图工具-设计"/"图表布局"组中单击"添加图表元素"按钮，在弹出的下拉列表中选择"数据标签"/"数据标签外"选项。双击数据标签，在打开的"设置数据标签格式"任务窗格中单击选中"类别名称""百分比""显示引导线"复选框，在"分隔符"下拉列表框中选择"（分行符）"选项，如图4-102所示（配套资源：效果/模块4/家电销量.xlsx）。由图可知，厨卫电器的全年销量占比最高，电风扇、电视机、洗衣机的销量占比较低。

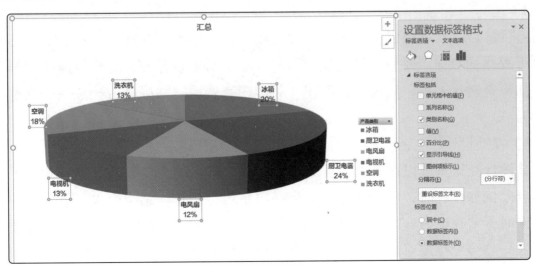

图4-102 设置数据标签

拓展知识

数据可视化基本流程

数据可视化的目的不单单是把数据通过各种图形展示出来，更是要借助这些图形来探索数据的隐藏价值。当然，数据可视化也不只有统计类图表，其他诸如表格、地图、图形符号等能够体现数据信息的对象，也属于数据可视化的范围。

总体来说，数据可视化的基本流程主要涉及明确目的、选择图表、视觉设计和突出信息四大环节，如图4-103所示。

图4-103　数据可视化分析的基本流程

（1）明确目的

明确数据可视化的目的，是明确通过数据可视化需要解决什么样的问题，需要探索什么样的内容或陈述什么样的事实等。如果对数据认识不清，就可能造成以下结果。

● **无法明确标题**。无法明确数据可视化的目的，就不会使用最为恰当的图表标题，使读者无法得知图表的大致内容。好的图表标题应该表现为一种结论，使读者可以从图表中获得有意义的信息，而不应该只是对图表展示内容的概括。

● **无法选择可视化方式**。无法明确数据可视化的目的，就无法选择合适的可视化方式，会使图表难以理解。

（2）选择图表

明确目标后，就可以围绕这个目标找到相应的数据源，并能够选择合适的图表去展示需要可视化的数据。要想选择正确的图表，除了明确目标外，还应该清楚数据之间的关系，如果是对比关系，则选择柱形图、条形图来展示；如果是占比关系，则选择饼图来展示等。

（3）视觉设计

视觉设计在这里可以简单地理解为图表美化，其目的主要是将数据转化成更容易接收的信息。例如配色时，应考虑配色适当突出主题，而整体感觉简单、舒服。在图表中使用文字时，要保证内容准确，且要注意简化文字内容。如果需要强化可视化效果，例如需要强化趋势变化或对比差距，可以考虑调整坐标轴刻度的最大值或最小值，进一步放大这种趋势或差距。

（4）突出信息

图表中如果存在关键信息或核心数据，则可通过单独设置其格式等方法将该信息突出显示，使读者能够更容易关注到该处内容，进而方便对图表的理解。

● 关键词：数据可视化 视觉设计

 课后练习

打开"会员增减.xlsx"工作簿（配套资源：素材/模块4），首先利用公式计算会员增长率和会员流失率，然后创建组合图对比各城市会员的增长率和流失率情况，参考效果如图4-104所示（配套资源：效果/模块4/会员增减.xlsx）。

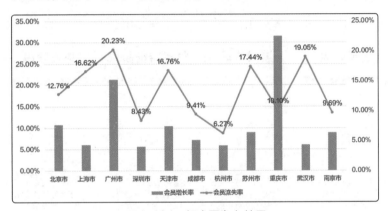

图4-104 组合图参考效果

 利用"插入组合图"按钮 自定义创建组合图，其中会员增长率用簇状柱形图表示，会员流失率在次坐标轴上用折线图表示。

提示

项目 4.4 初识大数据

大数据是指无法在一定时间范围内用常规软件工具进行捕捉、管理和处理的数据集合，是需要新处理模式才能具有更强的决策力、洞察发现力和流程优化能力的海量、高增长率和多样化的信息资产。在信息技术不断发展和普及的今天，大数据的作用越来越大。

 ◎ 大数据基础知识。
◎ 大数据采集。
◎ 大数据分析。

学习要点

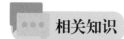相关知识

1 大数据基础知识

大数据是互联网技术快速发展的产物，是指以多元形式，从许多来源搜集而来的庞大数据组，又称巨量资料、海量资料。大数据需要新的处理模式才能挖掘出其宝贵的信息价值。

（1）发展

在数据信息技术高速发展的今天，大数据几乎涉及所有行业，我国相继出台的一系列政策，如《促进大数据发展行动纲要》《生态环境大数据建设总体方案》等，更是加快了大数据产业的落地。总体而言，大数据发展经历了4个重要阶段，如图4-105所示。

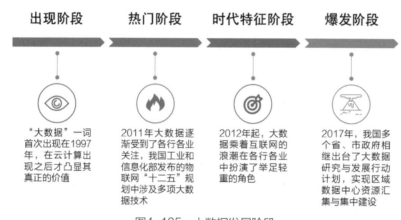

图4-105　大数据发展阶段

（2）特点

大数据是海量、高速增长和多样化的信息资产，它具有数据体量大、数据类型多、数据产生速度快、数据价值密度低等特点，如图4-106所示。

图4-106　大数据的特点

（3）用途

大数据的应用范围越来越广，几乎涉及生活的各个方面，下面介绍几种大数据的应用场景，让大家更加深入地了解大数据的用途。

● **电商大数据**。电商是最早利用大数据进行精准营销的行业，通过大数据的数据反馈，电商企业可以预测流行趋势、消费趋势、地域消费特点、客户消费习惯、各种消费行为的相关度、消费热点、影响消费的重要因素等，从而有效地改善并提高客户体验。图4-107所示为通过大数据分析的电商热门消费领域。

● **零售大数据**。零售行业可以通过大数据了解客户消费喜好和趋势，对商品进行精准营销，降低营销成本。对客户而言，零售行业也可以挖掘大数据信息，为客户量身打造更加符合消费习惯的产品。图4-108所示为通过大数据分析出的客户画像。

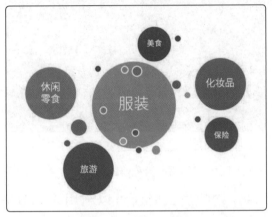

图4-107　通过大数据分析的电商热门消费领域

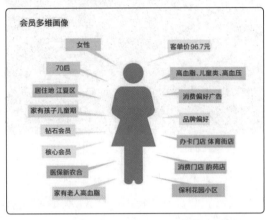

图4-108　通过大数据分析出的客户画像

● **农业大数据**。农业大数据已覆盖各个生产环节，可基于遥感估算农作物种植面积、单产与灾害信息等，既能够为生产种植提供建议，又能够预测农产品生产需求、辅助农业决策，达到规避风险、增产增收的目的。图4-109所示为通过大数据控制的无人机喷洒农药场景。

● **金融大数据**。金融行业利用大数据技术可以为客户设计金融产品，可以更好地进行风险管控、精准营销，可以提供有力的决策支持，可以有效地提升效率。图4-110所示为通过大数据对金融产品分级。

图4-109　通过大数据控制的无人机喷洒农药场景

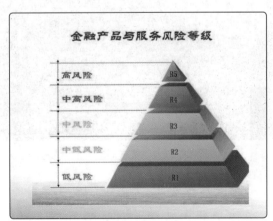

图4-110　通过大数据对金融产品分级

● **交通大数据**。交通行业可以利用大数据了解车辆通行密度，合理进行道路规划，也可以利用大数据来实现即时信号灯调度，提高交通线路的运行能力。图4-111所示为通过大数据实时监控交通数据。

● **教育大数据**。教育行业可以通过大数据了解教师与学生的教学情况，从而优化教育机制，提升个性化教学质量，充分引导学生的兴趣和特长。图4-112所示为通过大数据分析的师资队伍情况。

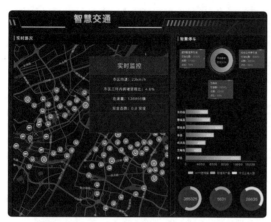

图4-111　通过大数据实时监控交通数据

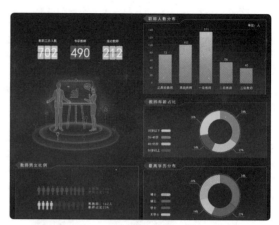

图4-112　通过大数据分析的师资队伍情况

● **医疗大数据**。借助大数据平台，医疗行业可以收集不同病例和治疗方案，以及病人的基本特征，从而建立针对疾病特点的数据库，在诊断病人时便可以利用疾病数据库快速帮助病人确诊，并制定准确的治疗方案。图4-113所示为大数据医疗平台解决方案。

● **生物大数据**。生物大数据的应用包括通过大数据平台将人类和其他生物体基因分析的结果进行记录和存储，建立基于大数据技术的基因数据库来研究基因技术，从而改良农作物、消灭害虫、战胜疾病等。图4-114所示为通过大数据解码DNA信息。

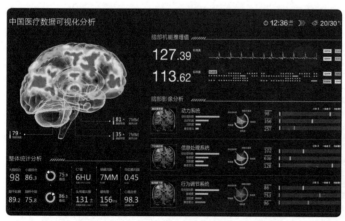

图4-113　大数据医疗平台解决方案

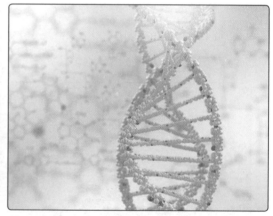

图4-114　通过大数据解码DNA信息

② 大数据采集

要想采集大数据，首先要知道大数据的数据来源。目前，大数据的主要来源包括物联网系统和互联网系统两个途径，针对不同途径其采集方法也有所区别。

（1）物联网系统数据的采集

物联网的数据大部分是非结构化数据和半结构化数据，采集的方式主要包括报文和文件两种。报文是根据用户设置的采集频率进行数据传输，并将数据信息存放到消息总线中实现采集；文件则是通过各种物联网设备连续不断地发送数据，并形成一个或多个文件以便采集。

提示　　在采集物联网数据时往往需要制定一个采集的策略，该策略包含采集的频率（时间）和采集的维度（参数）两个重要因素。设备开始采集之后，数据便将通过报文或文件的形式传送到云存储服务器中。

（2）互联网系统数据的采集

互联网系统是另一个重要的数据采集渠道，整个互联网系统涵盖了大量的数据，并且这些数据的价值密度较高。目前，针对互联网系统的数据采集通常是通过网络"爬虫"工具来实现，例如，可以通过Python或Java语言来完成"爬虫"的编写，通过在"爬虫"上增加一些智能化的操作，将非结构化的信息从大量的网页中抽取出来以结构化的方式存储，或直接存入本地数据库中，以实现自动采集工作。

3 大数据分析

大数据分析的过程通常包括数据采集、导入、预处理、统计分析、展现等步骤。在合适的工具辅助下，对不同类型的数据源进行融合、取样和分析，按照一定的标准统一存储数据，并通过去噪等数据分析技术对其进行降维处理，然后进行分类，最后提取信息，选择可视化认证等方式将结果展示给终端用户。概括来看，大数据分析过程可归纳为数据抽取与集成、数据分析、数据解释与展现3个环节，如图4-115所示。

 1. 数据抽取与集成 采集、抽取、聚合、存储　　 **2. 数据分析** 预处理、分析、挖掘　　 **3. 数据解释与展现** 提取结果、可视化展现

图4-115　大数据分析过程

（1）数据抽取与集成

数据的抽取与集成是大数据分析的第一步，从抽取的数据中提取关系和实体，经过关联和聚合等操作，按照统一定义的格式对数据进行存储。例如，基于物化或数据仓库技术方法的引擎、基于联邦数据库或中间件方法的引擎和基于数据流方法的引擎均是现有主流的数据抽取和集成方式。

（2）数据分析

数据分析是大数据处理的核心步骤，在决策支持、商业智能、推荐系统、预测系统中应用广泛。在获取了原始数据后，将数据导入一个集中的大型分布式数据库或分布式存储集群，进行一些基本的预处理工作后，根据需求开始对原始数据进行分析，例如数

据挖掘、机器学习、数据统计等。

（3）数据解释与展现

在完成数据的分析后，需要使用合适的、便于理解的展示方式将正确的数据处理结果展示给终端用户。其中，可视化和人机交互是数据解释的主要技术。

 项目任务

大数据在生活中的应用

随着信息技术的不断发展，每时每刻产生的数据量日益增多，大数据技术将这些数据进行充分挖掘，并应用到我们的日常生活中。请根据自己的所见所闻，将大数据在生活中的应用情况填写到表4-1中。

表4-1　日常生活中的大数据应用情况

日常生活	大数据应用情况
饮食	
出行	
学习	
运动	
就职	
医疗	
租房	
购物	
娱乐	

 **拓展知识**

大数据安全

随着大数据技术的不断普及和应用，各行各业的数据规模都呈TB级增长，物联网、云计算、大数据、人工智能等技术的广泛应用使得数据的流动与交互频率进一步提升，个人信息提取和识别的现象普遍存在。如何在此背景下加强个人信息保护，确保大数据的完整性、可用性和保密性，不受信息泄露和篡改的安全威胁影响，也成为大数据行业健康发展所要考虑的核心问题。

2021年6月10日，第十三届全国人民代表大会常务委员会第二十九次会议通过《中华人民共和国数据安全法》，自2021年9月1日起施行。《中华人民共和国数据安全法》是为了规范数据处理活动，保障数据安全，促进数据开发利用，保护个人、组织的合法权益，维护国家主权、安全和发展利益制定的法律。

具体而言，大数据安全的防护技术主要包括数据资产梳理、数据库加密、数据库安全运维、数据库漏扫等，下面逐一介绍。

（1）数据资产梳理

数据资产梳理是大数据安全的基础，是对敏感数据和数据库等进行梳理，该技术可以发现大数据中的敏感数据，并将敏感数据进行变形处理，防止敏感数据泄露，也叫"数据脱敏"，其核心技术如图4-116所示。

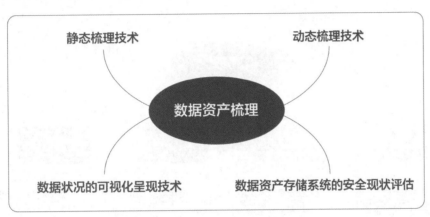

图4-116　数据资产梳理的核心技术

（2）数据库加密

数据库加密技术基于透明加密技术、主动防御机制的数据库防泄露系统，能够实现对大数据中的敏感数据加密存储、访问控制增强、应用访问安全、安全审计等功能，可以有效防止明文存储引起的数据泄露、突破边界防护的外部黑客攻击、来自于内部高权限用户的数据窃取，能够从根本上解决数据库敏感数据泄露问题，真正实现了数据高度安全、应用完全透明及密文高效访问。

一般来说，一个行之有效的数据库加密技术主要有6个方面的功能，如图4-117所示。

图4-117　数据库加密技术的功能

（3）数据库安全运维

数据库安全运维技术是对数据库的访问和操作等运维行为进行流程审批和阻断管控的技术。首先，数据库安全运维会对所有数据库运维行为建立规范的运维流程，包括事前审批、事中控制、事后记录操作信息。其次，数据库安全运维初始默认状态会拒绝一切数据库运维和动作通过。如果要对数据库进行运维操作，需要提交运维申请。

（4）数据库漏扫

数据库漏扫也被称为数据库安全评估系统，主要功能是为一个或多个数据库创建扫描任务，用户可以通过自动扫描和手动输入发现数据库，经授权扫描、非授权扫描、弱口令扫描、渗透攻击等检测方式发现数据库安全隐患，形成修复建议报告。各检测方式如图4-118所示。

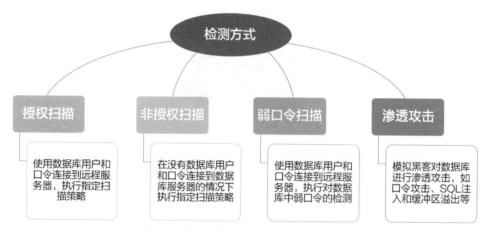

图4-118　数据库漏扫的各种检测方式

● 关键词：大数据安全技术　数据脱敏　数据库加密　数据库安全运维　数据库漏扫

课后练习

走访身边的大型超市，向超市管理员了解超市商品的码放位置是依据什么来安排的。思考大数据与超市商品码放的联系。

模块小结

本模块主要对数据处理的方法做了介绍，大致内容如图4-119所示。通过学习，我们了解到了数据处理的各个环节和大数据的基础知识。在这些内容中，我们应该重点掌握在Excel中加工数据与分析数据的方法，能够灵活运用Excel的公式、函数、排序、筛选、分类汇总、图表、数据透视表、数据透视图等工具。

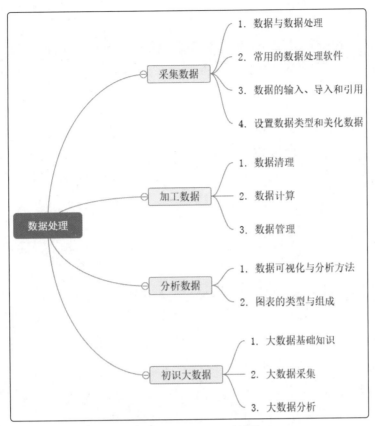

图4-119 本模块知识结构体系

一、填空题

1. 数据有结构化数据、_____、_____之分。

2. 如果需要在Excel中快速输入等差序列，可以通过拖曳单元格右下角的_____来实现。

3. 根据数据性质的不同，可以将数据分为_____、_____、_____、_____。

4. 在Excel中，具有固定语法格式的、用于计算的工具是_____。

5. 在单元格中输入公式时，首先需要输入的是_____符号。

6. 数据可视化常见的分析方法有对比分析、_____、_____、_____。

7. 大数据的特点是数据_____大、数据_____多、数据_____速度快、数据_____密度低。

二、选择题

1. 下列数据处理软件中，常用于数据采集环节的是（　　）。

   A. 八爪鱼　　B. 火车　　C. SAS　　D. FineBi

2. Excel可以导入的外部数据有（　　）。

   A. Access　　B. 文本　　C. 网页　　D. 代码

3. 下列选项中，不属于数据清理的是（　　）。

   A. 删除重复数据　　B. 计算数据

   C. 补充缺失数据　　D. 修改错误数据

4. Excel常用的数据管理操作有（　　）。

   A. 计算　　B. 排序　　C. 分类汇总　　D. 筛选

5. 下列选项中，表示按条件求和的函数是（　　）。

   A. SUN　　B. SUNIF　　C. SUM　　D. SUMIF

6. 图表中用于表名数据系列所指代对象的组成部分是（　　）。

   A. 数据标签　　B. 图例　　C. 图表标题　　D. 坐标轴

7. 如果需要分析某班级学生性别占比情况，下列选项中最合适的图表是（　　）。

   A. 柱形图　　B. 折线图　　C. 饼图　　D. 直方图

三、操作题

1. 打开“客户订单.xlsx”工作簿（配套资源：素材/模块4），按照下列要求对表格进行操作，效果如图4-120所示。

（1）为A2:H14单元格区域套用“表样式浅色9”表格样式，并将字体格式设置为“方正兰亭纤细简体、12号、左对齐”。

（2）将F3:F14单元格区域的数据类型设置为“短日期”。

（3）将标题行的字体格式设置为“方正兰亭中黑简体、14号”，适当调整各行行高与各列列宽，最后保存工作簿（配套资源：效果/模块4/客户订单.xlsx）。

	A	B	C	D	E	F	G	H
1	客户订单记录表							
2	序号	企业名称	联系人	联系电话	预定项目	预订时间	销售人员	客户信誉
3	1	东新实业发展有限公司	李玉	1354800****	餐桌10张	2021/10/6	沈城	★★★
4	2	仕威达有限公司	张明明	1365874****	户外休闲椅20张	2021/10/8	蒋京华	★★★★★
5	3	威远科技有限公司	沈光华	1807841****	垃圾桶50个	2021/10/9	夏侯铭	★
6	4	明铭电子商务公司	赵明达	1389875****	餐桌20张	2021/10/6	李哲明	★★★
7	5	明晶新建材公司	李真	1365248****	户外休闲椅55张	2021/10/6	龙泽苑	★★
8	8	审泰公司	孙君	1389875****	户外休闲椅22张	2021/10/6	张丽	★★
9	6	兴德华物流有限公司	王丽	1365874****	垃圾桶51个	2021/10/12	周玲	★★★★★
10	7	雅奇电子商务公司	陈玲玲	1807841****	餐桌30张	2021/10/9	蔡云帆	★★★
11	9	京明苑实业有限公司	江小萌	1365248****	垃圾桶52个	2021/10/12	唐萌梦	★★★★★
12	10	荣鑫建材公司	汪文珍	1365874****	餐桌40张	2021/10/9	方艳芸	★★★
13	11	昌萌星有限公司	周林	1807841****	户外休闲椅80张	2021/10/6	赵飞	★
14	12	明亿发实业有限公司	董小样	1389875****	垃圾桶53个	2021/10/12	沈山南	★★★★

图4-120　客户订单表格参考效果

2. 打开"产品销售分析.xlsx"工作簿（配套资源：素材/模块4），按照下列要求对表格进行操作，效果如图4-121所示。

（1）利用公式计算"期末数""库存金额""库销比"项目。

（2）选择B3:B20单元格区域和H3:H20单元格区域后，插入条形图，应用"样式3"图表样式，设置图表标题为"产品库存金额对比情况"，然后适当增加图表尺寸。

（3）对库存金额进行降序排序，并利用自动筛选功能，筛选出期末数小于150的数据（配套资源：效果/模块4/产品销售分析.xlsx）。

序号	产品名称	入库数	出库数	销售数	期末数	平均进价	库存金额	库销比
17	圆头皮鞋	230	102	85	128	¥228.0	¥29,184.0	150.6%
10	休闲鞋	230	120	85	110	¥189.0	¥20,790.0	129.4%
13	板鞋	152	14	10	138	¥128.0	¥17,664.0	1380.0%
11	篮球鞋	102	35	20	67	¥208.0	¥13,936.0	335.0%
16	平底鞋	153	55	25	98	¥108.0	¥10,584.0	392.0%
1	运动鞋	200	100	80	100	¥98.0	¥9,800.0	125.0%
6	网球鞋	100	53	35	47	¥108.0	¥5,076.0	134.3%
4	凉鞋	325	320	253	5	¥58.0	¥290.0	2.0%

图4-121　产品销售分析表格参考效果

四、思考题

健全共建共治共享的社会治理制度，提升社会治理效能，以及完善网格化管理、精细化服务、信息化支撑的基层治理平台，有助于实现政务公开、加强民主决策和监督。为此，我国正组织建设全国一体化政务大数据体系，推进数据信息公开，推进国家治理体系和治理能力现代化。而利用公开的数据信息是每一个公民应该掌握的基本技能。数据分析报告是"用数据说话"的常见载体，通过科学方法整理分析数据中反映的客观现实，并依据分析结论提出建议和方案是做决策的常用方法。假设要求我们制作一篇数据分析报告，内容主要是通过各种数据说明本班级建设的情况，以便让校方加大对班级的关注力度，那么应该如何构建这份数据分析报告的内容呢？

模块5

程序设计入门
——体验程序的神奇

无论我们使用计算机学习、办公，还是休闲娱乐，都离不开各种程序的支持，如网上学习需要浏览器程序，办公需要用到各种办公软件，休闲娱乐则可能用到音频、视频播放器等。那么我们有没有想过，程序到底是什么？它是怎样诞生的？为什么它会具备各种神奇的能力呢？

本模块便将带领大家去了解程序设计的基本知识，认识几种常见的程序设计语言，并使大家能够通过学到的知识设计出一些简单的程序。

情景导入：谈谈对程序设计的看法

　　同学们就要开始学习程序设计的课程了，几个好朋友聚在小林家里，谈了谈对程序设计的一些看法。小容有些忐忑，他感觉程序设计需要很强的逻辑思考能力，这一点恰恰是他的弱项，不知道自己能不能学好这门课程；小优却认为程序设计最重要的素质应该是仔细和严谨，她觉得小容在这方面是几个好朋友里最优秀的，让他不必太过担心；小林则认为程序设计不能只看书本内容，更应该重视实践练习，这样才能不断发现问题、纠正问题，才能快速提升自己的编程能力。正当大家聊得热火朝天的时候，小林父亲从里屋走了出来，语重心长地告诉大家："程序设计是一门非常神奇的课程，要想学好它，需要小容说的逻辑思考能力，需要小优说的仔细和严谨，也需要小林说的勤学苦练，只有这样，我们才能真正走进程序设计的世界，切身感受它的各种神奇。"

项目 5.1　了解程序设计

语言是人类交流的重要工具之一，不同的语言有其不同的表现形式和结构。对信息系统而言，程序语言是人类和计算机沟通的工具，是指挥计算机进行运算或工作的指令集合。程序设计的目的就是将程序语言的语句，按照一定的顺序组织起来，指挥计算机去完成某个任务，以帮助人类解决更多的问题。

学习要点

◎ 程序设计的基本理念。
◎ 算法的概念。
◎ 主流的程序设计语言和它们的特点。

 相关知识

1 程序设计的基本理念

程序设计是给出解决特定问题的程序的过程，它往往以某种程序设计语言为工具，给出这种语言的程序。进行程序设计时，我们一般可以从以下几点来了解程序设计的基本理念，把握这几点，才能设计出优秀的程序，如图5-1所示。

易于测试和调试　　易于修改　　易于维护　　设计简单　　效率高

图5-1　程序设计的基本理念

● **易于测试和调试**。程序是代码指令（语句）的序列，大型程序的代码动辄十几万行到几十万行不等，当需要测试或调试程序中指定的内容时，如果能快速定位到这些内容并完成测试与调试任务，就能更好地完成设计工作，提高设计效率。

● **易于修改**。程序运行如果出现错误，就需要对代码进行修改，因此在进行程序设计时一定要考虑能够方便修改。

● **易于维护**。与修改程序一样，对程序进行优化等维护时，也是"牵一发而动全身"，因此在进行程序设计时，不仅要考虑易于修改，还要考虑易于维护才行。

● **设计简单**。程序好坏与逻辑紧密相关，优秀的程序不见得内容非常复杂，当我们设计程序时，应该考虑有没有更简单的解决问题的路径，这样整个程序的设计也就会变得更加简单，也有利于程序的测试、调试、维护与修改等工作。

● **效率高**。所谓效率高，是指程序运行后发挥的作用非常高效，即解决问题的速度、准确性、稳定性都非常不错。

② 什么是算法

算法是解决问题的方法的精确描述，代表着用系统的方法描述解决问题的策略机制。我们可以将算法简单理解为解决问题的具体方法和步骤。

（1）算法的特征

无论多么简单的算法，都应该具有5个重要特征，如图5-2所示。

图5-2　算法的5个重要特征

● **有穷性**。指算法必须能在执行有限个步骤之后终止。

● **确切性**。指算法的每一个步骤必须有确切的定义。

● **可行性**。指算法中的每个计算步骤都可以在有限时间内完成。

● **有输入项**。指一个算法应该有0个或多个输入，以刻画运算对象的初始情况。其中，0个输入是指算法本身设定了初始条件。

● **有输出项**。指一个算法应该有1个或多个输出，以反映对输入数据加工后的结果。

（2）算法流程图

设计算法是程序设计的核心。为了表示一个算法，我们可以采用自然语言、流程图等手段。其中，自然语言就是用人类的语言描述每一步操作，但这样容易产生歧义，因此在算法中更多的是采用流程图的方式。图5-3所示为流程图中规定的图形和对应的名称及含义。

图5-3　流程图中规定的图形

3 主流的程序设计语言

程序设计语言从最初的机器语言、汇编语言，到现在的高级语言、非过程化语言，经历了无数次改进和发展。就目前而言，主流的程序设计语言如图5-4所示。

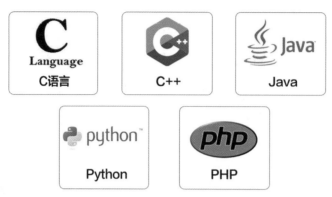

图5-4　主流的程序设计语言

（1）C语言

C语言是一门通用的计算机编程语言，其设计目标是以简易的方式编译、处理低级存储器、产生少量机器码以及不需要任何运行环境支持就可以运行的编程语言，因此应用范围非常广。

（2）C++

C++是C语言的延伸，它进一步扩充和完善了C语言的功能，成为一种面向对象的计算机程序设计语言。C++支持过程化程序设计、数据抽象、面向对象程序设计、泛型程序设计等多种程序设计风格。

（3）Java

Java也是一种面向对象的编程语言，它吸收了C++的优点，同时还摒弃了C++中难以理解的多继承、指针等概念。

Java具有简单性、面向对象、分布式、安全性、平台独立与可移植性、多线程、动态性等特点，可以编写桌面应用程序、Web应用程序、分布式系统和嵌入式系统应用程序等。

（4）Python

Python具有丰富和强大的库，被称为"胶水语言"，这是指Python能够把用其他语言制作的各种模块（尤其是C语言和C++）很轻松地联结在一起。例如，使用Python生成的程序，如果需要对内容进行修改，可以用C语言或C++重新设计。

（5）PHP

页面超文本预处理器（Page Hypertext Preprocessor，PHP）是一种通用开源脚本语言，它吸收了C语言、Java等语言的特点，主要应用于Web开发领域。用PHP做出的动态页面与其他编程语言相比，执行效率要提高很多。

项目任务

任务1　绘制流程图

与自然语言相比，流程图可以将算法表现得更加简洁而准确。下面绘制一个简单的取票算法流程图。用自然语言表示为：①输入订单号；②系统判断订单号是否正确；③如果正确，成功出票；④如果不正确，提示需要重新输入订单号。

如果将此算法的自然语言用流程图表示，结果则如图5-5所示。

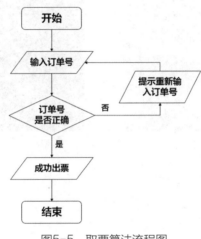

图5-5　取票算法流程图

任务2　搭建Python开发环境

本模块将以Python为例介绍程序设计的内容，因此本任务将首先在计算机上搭建Python开发环境，其具体操作如下。

① 在Python官方网站下载最新版本的安装程序，双击该程序，在打开的窗口下方单击选中"Add Python 3.9 to PATH"复选框，然后选择"Install Now"选项，安装Python，如图5-6所示。

微课

搭建Python
开发环境

图5-6　安装Python

② 程序安装完成后关闭窗口。然后按【Windows+R】组合键打开"运行"对话框，在其中的下拉列表框中输入"cmd"命令，单击 确定 按钮，如图5-7所示。

③ 打开命令提示符窗口，在其中输入"Python"并按【Enter】键，此时将显示Python的版本信息并进入Python命令行（三个大于号">>>"），说明Python的开发环境已经搭建成功，如图5-8所示。

图5-7　输入"cmd"命令

图5-8　Python开发环境已经搭建成功

认识几种常见的算法思想

算法是程序的核心，算法思想则可以说是算法的灵魂。要解决一个问题，可以用多种算法，但哪种算法最合适，就要看算法思想了。目前主流的算法思想较多，下面仅介绍其中几种常见的算法思想。

（1）穷举算法思想

穷举算法思想是较简单的一种算法，它依赖于计算机强大的计算能力来穷尽每一种可能的情况，从而达到求解问题的目的。该算法思想的效率并不高，但适用于一些没有明显规律可循的场景。

【经典案例】已知笼子里关着若干只鸡和若干只兔，鸡和兔的头共有多少，脚共有多少，分析笼中鸡和兔的数量各是多少。

按照穷举算法思想，首先需要计算一种可能的情况，然后判断结果是否满足要求。如果不满足要求，则计算下一个可能的情况；如果满足要求，则表示寻找到一个正确的答案。

（2）递推算法思想

递推算法思想在数学计算等场合有着广泛的应用，适合有明显公式规律的场景。

【经典案例】如果一对4个月大的兔子以后每个月都可以生产一对小兔子，而一对新生的兔子出生4个月后每个月也可以生产小兔子，假设一年内没有出现兔子死亡的情况，问：一年后共有多少对兔子？

按照递推算法思想，首先应根据已知结果和关系，求解中间结果。然后判定结果是否达到要求，如果没有达到，则继续根据已知结果和关系求解中间结果。如果满足要求，则表示寻找到一个正确的答案。

（3）递归算法思想

递归算法思想可以简化代码编写，提高程序的可读性，但不合适的递归算法会导致程序的执行效率变低。

【经典案例】数的阶乘，即$n!=1 \times 2 \times 3 \times \cdots \times (n-1) \times n$。

按照递归算法思想，函数会在程序中不断反复调用自身来求解问题，通过多次递归调用，便可以完成求解。其中，递归调用的函数称为"递归函数"，在递归函数中，主调函数又是被调函数，执行递归函数将反复调用其自身，每调用一次就进入新的一层。这与阶乘的思想如出一辙。

（4）分治算法思想

分治算法思想是一种化繁为简的思想，往往应用于计算步骤比较复杂的问题，通过简化问题来逐步得到结果。

【经典案例】一个袋子里有若干硬币，其中一枚是假币，已知假币比真币重量更轻，问如何区分出假币？

按照分治算法思想，可以首先解决在已知规模下的问题，若无法解决，则可以将问题分解为多个规模较小的子问题，这些子问题互相独立，分别解决这些子问题后，将各子问题的解合并得到原问题的解。

● 关键词：**算法思想**

 课后练习

尝试将以下自然语言描述的算法用流程图来表达。

第1步：输入水上乐园门票的单价（p）和数量（n）。

第2步：计算门票金额（$s=p \times n$）。

第3步：输出门票金额（s）。

第4步：结束。

项目 5.2 设计简单程序

任何复杂高端的程序，都是在简单的程序基础上开发而形成的。因此，掌握简单的

程序设计方法，有助于我们以后更深入地接触程序设计的相关知识。下面将以Python为例介绍简单程序设计的相关知识。

学习要点

◎ 程序设计一般流程。
◎ 不同数据在程序中的含义和作用。
◎ 程序设计的流程控制语句。
◎ 程序设计语言的外部功能库。
◎ 应用具体算法进行程序设计。

 相关知识

1 程序设计一般流程

程序设计的一般流程包括：分析问题，设计程序，编辑、编译和连接程序编码，测试程序，编写程序文档，如图5-9所示。

图5-9　程序设计流程

（1）分析问题

分析问题就是要弄清楚编写这个程序的目的是什么，要解决什么实际问题等，这需要明确以下几点。

● 要解决的目标问题是什么？

● 需要输入的问题是什么？已知条件有哪些？还需要说明其他什么内容？使用什么格式？

● 期望的输出是什么？需要什么类型的报告、图表或信息？

● 数据具体的处理过程和要求是什么？

● 要建立什么样的计算模型？

（2）设计程序

在分析问题的基础上，可用算法来描述模型。当要处理的问题较复杂时，可先将要解决的问题分解成一些容易解决的子问题，每个子问题将作为程序设计的一个功能模块，再考虑如何组织程序模块。

（3）编辑、编译和连接程序编码

现在的程序设计语言一般都有一个集成开发环境，自带编辑器，在其中可以输入程序代码，并可对输入的程序代码进行复制、删除、移动等编辑操作。

源程序并不能被计算机直接运行，还必须通过编译程序将源程序翻译成目标程序，然后通过连接程序，将目标程序和程序中所需要的系统中固有的目标程序模块连接后生成可执行文件。

（4）测试程序

测试程序的目的是找出程序中的错误，以便加以修正和改善。需要注意的是，测试数据应是以"任何程序都是有错误的"假设为前提精心设计出来的，目的是为了更好地检查潜在的错误。

（5）编写程序文档

程序文档非常重要，它相当于一个产品说明书，对今后程序的使用、维护、更新都有很重要的作用。程序文档主要包括程序使用说明书和程序技术说明书，如图5-10所示。

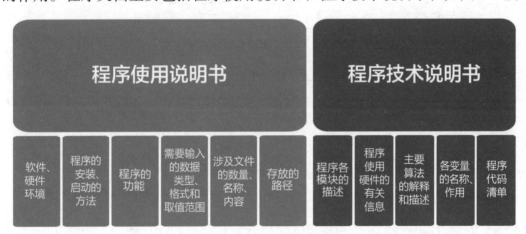

图5-10　程序文档包含的内容

提示　目前来看，程序设计方法主要有面向过程的程序设计方法、面向对象的程序设计方法和面向问题的程序设计方法几种。面向过程的程序设计方法是一种以过程为中心的编程思想，将一个大程序分割成若干个较小、较容易管理的小程序模块；面向对象的程序设计方法是将存在于日常生活中的对象概念应用到软件设计的思维中，以一种更生活化、可读性更高的观念进行设计，使开发出来的程序更容易扩充、修改及维护；面向问题的程序设计方法只需指出要计算机做什么，以及数据的输入和输出形式，就能得到所需结果，它能够快速地构造应用系统，大大提高软件的开发效率。

② Python基础知识

程序设计语言的代码中往往涉及各种数据，以Python为例，其数据主要包括常量、变量、运算符、表达式、函数、语句、注释等。

（1）常量

常量即始终保持不变的数据，Python中没有专门定义常量的方式，一般会使用大写变量名来表示。

（2）变量

变量即变化的数据，在Python中使用变量时，都需要为变量赋值，如"a=50"表示将值"50"赋予变量"a"。

（3）运算符

运算符用于执行运算，包括算术运算符、关系运算符、逻辑运算符等。其中，算术运算符的优先级如图5-11所示。

图5-11 算术运算符的优先级

（4）函数

函数是程序设计语言内部预设的一段程序，具有函数名、参数和返回值，可以反复执行。

（5）表达式

表达式是由常量、变量、运算符、函数等连接起来的式子，如c=(a+b-5)。

（6）语句

Python中的语句即代码，一条语句对应一行代码，如 print("取票成功")语句表示输出文字"取票成功"。

（7）注释

注释的作用在于理解程序的含义，或对语句进行说明。Python中可在语句后使用"#"进行注释，"#"后面的注释内容均不会被程序执行。

3 流程控制

程序设计语言执行时默认按照代码顺序从上到下执行。为了特定的目的，我们会强制改变程序的执行顺序，这时就需要使用流程控制语句。以Python为例，常用的流程控制语句主要有条件语句和循环语句两大类。

（1）条件语句

使用条件语句可以通过判断一个条件表达式是否成立，即条件结果是真（True）还是假（False），来分别执行不同的代码。

① 单if语句。

单if语句的语法结构如下。

if 条件表达式:

　　语句组

当条件表达式的值为True时，执行语句组；当条件表达式的值为False时，跳过语句组，执行后面的语句，如图5-12所示。

如下单if语句表示如果输入的分数大于或等于90且小于或等于100，则输出"A"。

if 90<= score <=100:

　　print('A')

② if...else语句。

如果希望当条件为True和为False时各自执行不同的代码，就可以使用if...else语句，其语法结构如下。

if 条件表达式:

　　语句组1

else:

　　语句组2

当条件表达式的值为True时，执行语句组1；当条件表达式的值为False时，执行语句组2，如图5-13所示。

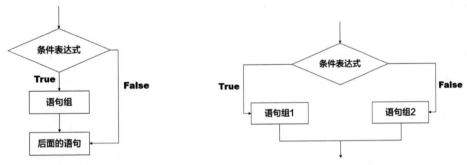

图5-12　单if语句的执行流程　　　　图5-13　if...else语句的执行流程

如下if...else语句表示如果输入的分数大于或等于90且小于或等于100，则输出"A"，否则输出"B"。

if 90<= score <=100:

　　print('A')

else:

　　print('B')

③ if...elif...else语句。

如果遇到更多条件的情况，我们可以使用if...elif...else语句，其语法结构如下。

if 条件表达式1:

　　　　语句组1

　　elif 条件表达式2：

　　　　语句组2

　　elif 条件表达式3：

　　　　语句组3

　　…

　　elif 条件表达式n-1：

　　　　语句组n-1

　　else：

　　　　语句组n

　　if...elif...else语句执行时，按先后顺序依次计算各个条件表达式，若条件表达式的计算结果为True，则执行相应的语句组，否则计算下一个条件表达式。若所有条件表达式的计算结果均为False，则执行else部分的语句组，如图5-14所示。

　　如下if...elif...else语句表示如果输入的分数大于或等于90且小于或等于100，则输出"A"；如果输入的分数大于80且小于90，则输出"B"；如果输入的分数大于或等于60且小于或等于80，则输出"C"；如果输入的分数小于60，则输出"D"；否则输出"请重新输入正确的分数！"。

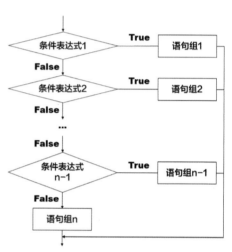

图5-14　if...elif...else语句的执行流程

```
if 90<= score <=100:
    print('A')
elif 80< score <90:
    print('B')
elif 60<= score <=80:
    print('C')
elif score <60:
    print('D')
else:
    print('请重新输入正确的分数！')
```

　　（2）循环语句

　　在实际编程中，经常会遇到需要重复执行某一操作的情况，如在屏幕上显示100个A，此时我们可以利用循环语句重复运行100次print语句实现该操作。Python程序设计语言中，常用的循环语句为for循环语句和while循环语句两种。

① for循环语句。

for循环是程序设计中较常使用的一种循环形式，其循环次数是固定的。如果程序设计中所需要执行的循环次数固定，那么for循环就是最佳选择。

Python的for循环是通过访问某个序列项目来实现的，其语法结构如下。

for 元素变量 in 序列项目：

　　循环体

其中，序列项目是由多个数据类型相同的数据组成的，序列中的数据称为元素或项目。for语句在执行时，首先会依次访问序列项目中的每一个元素，每访问一次，就将该元素的值赋给元素变量并执行一遍循环体中的代码。

如下for循环语句便会依次输出1～100这些数据。

```
for i in range(1,100):
    print(i)
```

② while循环语句。

while循环是通过一个条件表达式来判断是否需要进行循环的，其语法结构如下。

while 条件表达式：

　　循环体

当程序遇到while循环时，会先判断条件表达式的值，如果为True则执行一次循环体中的代码，完成后会再次判断条件表达式的值，如果还为True就继续执行循环体中的代码，直到条件表达式的值为False时退出循环。

如下while循环语句将依次输出"1""3""5""7""9"。

```
a=1
while a < 10:
    print(a)
    a+=2
```

④ 典型算法介绍

典型算法是程序设计时经常出现的算法，如排序算法、查找算法等，下面介绍两种最基础的排序算法，让大家初步体验程序设计的算法原理和设计思路。

排序是指将一串记录按照其中的某个或某些关键字的大小，递增或递减排列起来。排序算法则是使记录按照要求排列的方法。目前可用的排序算法很多，这里重点介绍比较排序和选择排序两种。

（1）比较排序

比较排序俗称冒泡排序，它需要重复访问要排序的对象并依次比较两个元素，如果顺序错误就将其进行交换，其排序原理如图5-15所示。

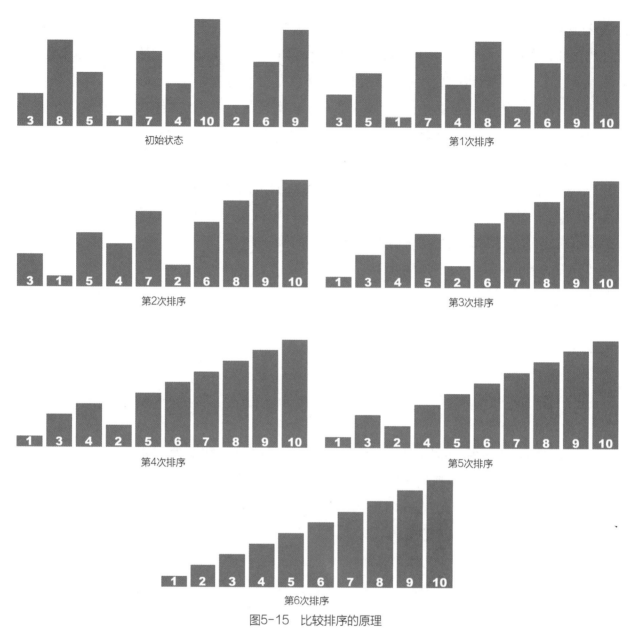

图5-15　比较排序的原理

比较排序的示例代码如下。

```
def bubbleSort(arr):
    for i in range(1, len(arr)):
        for j in range(0, len(arr)−i):
            if arr[j] > arr[j+1]:
                arr[j], arr[j + 1] = arr[j + 1], arr[j]
    return arr
```

（2）选择排序

选择排序也是一种简单直观的排序算法，它首先会在未排序的序列中找到最小元素或最大元素，将其存放到序列的起始位置。然后继续从剩余未排序序列中寻找最小元素或最大元素，并将其存放到已排序序列的末尾。以此类推，直到所有元素均排序完毕，其排序原理如图5-16所示。

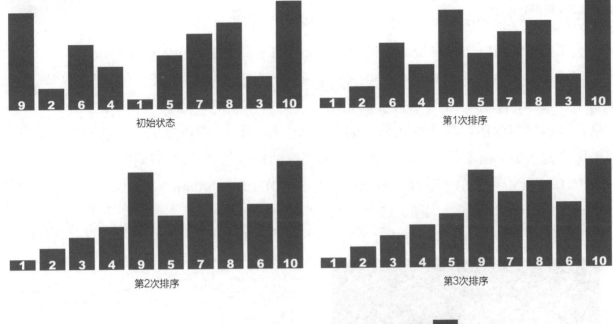

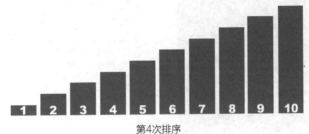

图5-16　选择排序的原理

选择排序的示例代码如下。

```
def selectionSort(arr):
    for i in range(len(arr) − 1):
        # 记录最小数的索引
        minIndex = i
        for j in range(i + 1, len(arr)):
            if arr[j] < arr[minIndex]:
                minIndex = j
        # i 不是最小数时，将 i 和最小数进行交换
        if i ! = minIndex:
            arr[i], arr[minIndex] = arr[minIndex], arr[i]
    return arr
```

项目任务

任务 1 使用Python设计一个简单的猜数字游戏

微课

使用 Python
设计一个简单
的猜数字游戏

本任务将使用Python自带的编辑器Python IDLE来完成程序的设计和运行。该程序首先会使用随机函数产生一个1~100范围内的随机整数，然后接收用户输入的数据，并与随机整数相比较。如果不相等，则输出相应的信息，并继续接收用户输入的数据；如果相等，则输出"你猜对了。"的信息。此外，如果用户输入的数据不符合要求，也会给出相应的提示信息。其具体操作如下。

① 在"开始"菜单中选择"Python 3.9"/"IDLE（Python 3.9 64-bit）"命令启动Python自带的IDLE程序，如图5-17所示。

② 在打开的窗口中选择"File"/"New File"命令，新建文档，如图5-18所示。

图5-17 启动Python IDLE

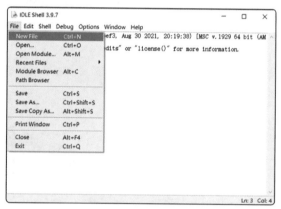

图5-18 新建文档

③ 打开未命名的文档窗口，在其中输入猜数字游戏的相关代码内容，如图5-19所示。

④ 完成后在窗口中选择"File"/"Save"命令，保存文档，如图5-20所示。

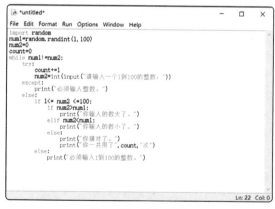

图5-19 输入代码

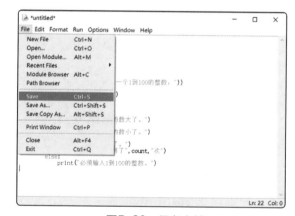

图5-20 保存文档

⑤ 打开"另存为"对话框，在其中设置代码文档的保存位置和名称，然后单击 保存(S) 按钮，如图5-21所示。

⑥ 选择"Run"/"Run Module"命令或按【F5】键运行程序，如图5-22所示。

图5-21　设置文档保存位置和名称

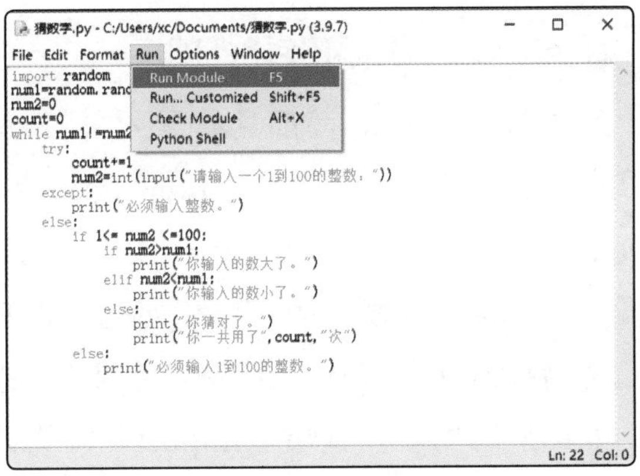

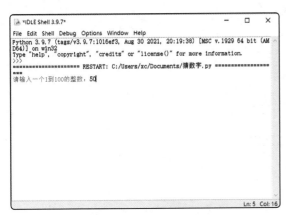

图5-22　运行程序

⑦ 在打开的窗口中会显示运行结果，根据提示输入一个1到100范围内的整数，然后按【Enter】键，如图5-23所示。

⑧ 程序将判断输入的整数是否等于随机产生的整数，如果不相等，则将给出提示，根据提示继续输入符合条件的整数，并按【Enter】键，如图5-24所示。

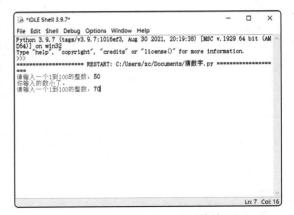

图5-23　输入整数

图5-24　根据提示输入整数

⑨ 按相同方法继续进行游戏，直到输入正确的整数后，程序将给出"你猜对了。"的提示信息，并提示一共使用的次数，如图5-25所示（配套资源：效果/模块5/猜数字.py）。

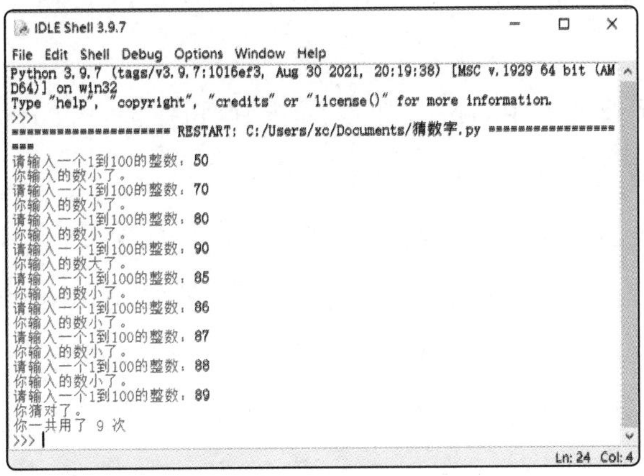

图5-25　完成游戏

任务2　导入和使用外部库

各种程序设计语言都具备导入外部功能库的功能，这样可以极大地增加该语言的设计能力。以Python为例，该语言可以导入标准库、第三方库等资源。Python标准库是一组模块，下面以导入标准库中的"datetime"模块下的"date"函数为例，介绍使用外部功能库的方法，其具体操作如下。

微课

导入和使用
外部库

① 启动IDLE程序，新建"出生天数"程序文档，在其中输入代码内容，如图5-26所示。其中"import"即为调用标准库的语句。

② 保存修改后运行程序，此时将显示出生日期与当前日期之间的间隔天数，如图5-27所示。

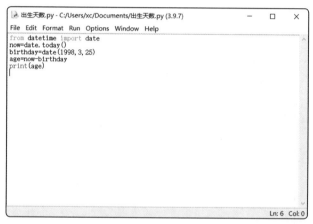

图5-26　输入代码

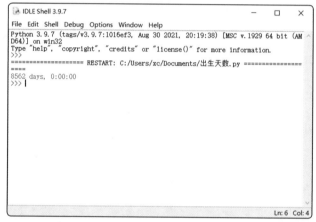

图5-27　运行代码

拓展知识

使用Python中的函数

在程序设计中使用函数，可以将复杂的问题分解为简单的问题，并能够实现反复调用，将代码编写工作变得更加轻松。Python中的函数有内置函数、库函数和自定义函数3种。

● **内置函数**。内置函数是Python自身所提供的函数，如float()函数、int()函数、range()函数等，这些函数可以直接在程序中调用。

● **库函数**。库函数包括Python的标准函数库函数和第三方开发的模块库函数，它们提供了许多实用的函数。使用这类函数之前，需要先使用import语句引入该函数模块，如要使用随机函数，就要使用"import random"引入随机函数库。

● **自定义函数**。自定义函数是由程序员自行编写的函数。使用这类函数时，首先需要定义该函数，然后才能调用它。在Python中定义函数要使用关键词def，其语法结构如下。

　　def 函数名称(参数1, 参数2, ...):

　　　　程序代码块

　　　　return 返回值1, 返回值2, ...

函数名称的命名必须遵守Python标识符名称的规范。自定义函数可以没有参数，也可以有一个或多个参数。程序代码块中的语句必须进行缩排。最后通过return语句将返回值传给调用函数的主程序，返回值也可以有多个，如果没有返回值，则可以省略return语句。

函数定义完成后，若需要在程序中进行调用，需遵循如下调用的语法结构。

　　函数名称（参数1, 参数2, ...）

如自定义函数getTotalAndAverage()用于计算并返回3个数的和以及平均数，则定义并调用该函数的案例如下。

```
score1=float(input("输入语文分数："))
score2=float(input("输入数学分数："))
score3=float(input("输入英语分数："))
def getTotalAndAverage (x,y,z):
    total=x+y+z
    average=total/3
    return total,average
total,average=getTotalAndAverage (score1, score2, score3)
print("总分为{}，平均分为{}".format(total,average))
```

运行结果如下：

输入语文分数：96

输入数学分数：93

输入英语分数：91.5

总分为280.5，平均分为93.5

● 关键词：自定义函数　调用函数　库函数

 课后练习

　　制作判断输入的年份是否为闰年的程序，其中能够被4整除但不能被100整除的年份判断为普通闰年，能被400整除的年份判断为世纪闰年，其余年份判断为不是闰年。运行效果如图5-28所示（配套资源：效果\模块5\闰年.py）。

图5-28　判断年份是否为闰年的程序运行效果

模块小结

本模块主要了解程序设计的基础知识，大致内容如图5-29所示。通过学习，我们了解了程序设计的基本概念、算法的概念，认识了一些主流的程序设计语言，并体验了程序设计的基本操作，包括数据和变量的使用、流程控制语句的使用、外部功能库的使用，以及基本算法的原理等内容。

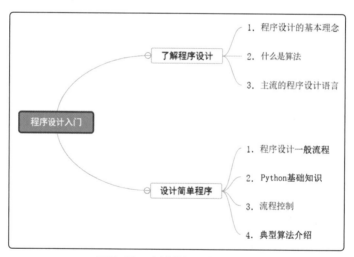

图5-29　本模块知识结构体系

一、填空题

1. 程序算法的特征包括＿＿＿＿＿＿＿＿、＿＿＿＿＿＿＿＿、＿＿＿＿＿＿＿＿、有输入项、

有输出项。

2. 数学上的阶乘问题，对应的程序设计语言中的算法思想是＿＿＿＿＿＿＿＿＿。

3. 程序设计一般流程中的第一个环节和最后一个环节分别是＿＿＿＿＿、＿＿＿＿＿。

4. for循环语句的特点是它的＿＿＿＿＿＿是固定的。

5. 通过查找最小元素或最大元素进行排序的算法是＿＿＿＿＿＿。

二、选择题

1. 下列选项中，不属于程序设计基本理念的是（　　　）。

　　A．易于测试　　　　　　　　　　　B．易于维护

　　C．易于修改　　　　　　　　　　　D．设计复杂避免盗用

2. 算法流程图中，对一个给定的条件进行判断的形状是（　　　）。

　　A．菱形　　　　　　B．梯形　　　　　　C．矩形　　　　　　D．圆角矩形

3. 被戏称为"胶水语言"的程序设计语言是（　　　）。

　　A．C语言　　　　　　B．C++　　　　　　C．Java　　　　　　D．Python

4. Python的算术运算符中优先级最高的是（　　　）。

　　A．乘　　　　　　　B．取余　　　　　　C．幂　　　　　　　D．负号

5. 下列选项中，属于Python程序设计语言中取整除的算术运算符是（　　　）。

　　A．/　　　　　　　　B．%　　　　　　　C．//　　　　　　　D．**

6. 下列程序运行后的结果是（　　　）。

```
i=2
j=-3
if j < 0:
    i = -1
else:
    i = 0
print(i)
```

　　A．2　　　　　　　B．3　　　　　　　C．-1　　　　　　　D．0

7. 下列程序运行后的结果是（　　　）。

```
i=1
while i <105:
    i = i + 2
print(i)
```

　　A．103　　　　　　B．105　　　　　　C．107　　　　　　D．109

三、操作题

1. 设计一个程序，当输入的分数大于或等于90，输出"优秀。"文本；分数大于或等于80，小于90，输出"良好。"文本；分数大于或等于60，小于80，输出"及格。"文本；分数小于60，输出"不及格。"文本，如图5-30所示（配套资源：效果\模块5\评分.py）。

2. 使用for循环语句设计一个程序，实现数的阶乘的计算，如图5-31所示（配套资源：效果\模块5\阶乘.py）。

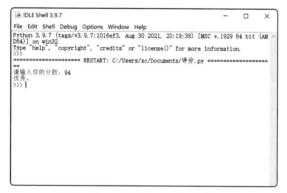 

图5-30　"评分"程序运行结果　　　　图5-31　"阶乘"程序运行结果

四、思考题

无论是简单的计算程序，还是高端复杂的人工智能程序，都需要通过编写代码来实现，这些都需要程序设计人员付出辛勤劳动来完成。人才是强国安邦之本、民族复兴之基、高质量发展之源。如果自己将来考虑做一名优秀的程序设计人员，请从必备技能和职业要求等方面，思考自身应该具备哪些过硬的素质。

模块6

数字媒体技术应用
——创造精彩纷呈的数字媒体作品

信息技术的发展，带动着数字媒体技术不断进步。精妙绝伦的图片、悦耳动听的音乐、可爱有趣的动画、引人入胜的电影，各种数字媒体让我们享受着无与伦比的感官盛宴。许许多多网络主题宣传活动、一批又一批政务新媒体，无不告诉我们，数字媒体已经成为大家更加青睐的对象了。而加强全媒体传播体系建设，塑造主流舆论新格局，健全网络综合治理体系，推动形成良好网络生态，则是数字媒体发展的重要保障。

在数字媒体时代，我们也应该学会使用各种各样的数字媒体来帮助我们学习、工作、社交，让我们的生活变得更加丰富多彩。

本模块将介绍数字媒体的知识，包括数字媒体素材的获取、加工，各种数字媒体作品的制作方法，同时还将介绍与虚拟现实和增强现实技术相关的基础知识。

将数字媒体作品发布到社交媒体上

　　老师的一位朋友刚刚完成了一次精彩的旅行，课堂上老师就此提问："如果我的这位朋友想要把旅行的一些精彩内容发布到他的微博上，那么应该使用哪种数字媒体呢？你们给出出主意吧！"酷爱摄影的小齐首先发言："那当然是发布各种'高清大片'了！只有极具质感的高清图片，才能让大家直观地感受到旅行中的绝美风景！"社交达人小寒说："我更愿意上传自己编辑后的视频，让大家充分领略旅行中的风土人情、人文景观，也可以把旅途中的各种趣事剪辑出来分享给大家。"小杰说："无论是图片还是视频，都得用音乐来'注入灵魂'，只有匹配的音乐，才能更好地呈现出数字媒体想要表达和传递的信息。"老师听后非常满意，觉得大家的想法都很好，并告诉同学们她一定会向朋友转达这些有创意的建议。

项目 6.1　获取数字媒体素材

数字媒体技术包含了网络技术、移动互联网技术、数字技术、媒体与艺术等多种技术，广泛应用于电子商务、教育等各个领域。下面将向大家介绍数字媒体技术的基础知识，认识常见的数字媒体文件，并介绍数字媒体素材的获取方法。

学习要点

◎ 数字媒体技术的原理、特点与应用情况。
◎ 数字媒体的分类与获取。
◎ 各种数字媒体文件的类型、格式、特点。
◎ 按需转换数字媒体文件的格式。

 相关知识

1 初识数字媒体技术

数字媒体技术是将文本、图像、动画、音频、视频等多种媒体信息通过计算机进行数字化加工处理，使多种媒体信息建立逻辑连接，并实现实时信息交互的系统技术。

（1）数字媒体技术的原理

从原理来看，数字媒体技术就是运用多种技术来实现对数字媒体的获取、处理、存储、传输和管理等，其中的关键技术包括数据压缩技术、数字图像技术、数字音频技术、数字视频技术、数字媒体专用芯片技术、大容量信息存储技术、多媒体输入与输出技术和多媒体软件技术等，如图6-1所示。

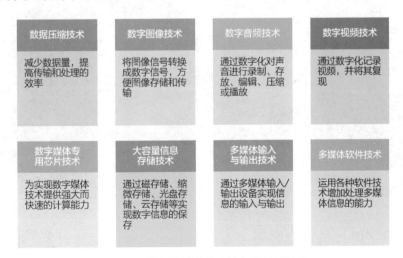

图6-1　数字媒体技术中的各种关键技术

（2）数字媒体技术的特点

数字媒体技术的特点非常鲜明，主要包括数字化、交互性、集成性这几点。

● **数字化**。数字媒体技术利用信息技术来处理各种数字媒体对象，不仅能够极大地提高处理效率，还有利于数字媒体的传播、分享和管理。如2021年中国共产党建党100周年各地灯光秀，便是通过数字媒体技术在建筑物上打造出绚丽璀璨的灯光效果，如图6-2所示。

图6-2　数字媒体技术打造的灯光秀

● **交互性**。数字媒体技术能够实现人机互动效果，让大众接收信息的方式从被动变为主动，这样更利于信息的传播和接收。如孩子们将自己绘制的作品通过数字媒体技术扫描到全息投影设备中，便能将画面变得立体生动起来，如图6-3所示。

图6-3　全息投影

● **集成性**。数字媒体技术能够将多方位的、多层次的媒体对象，如文字、图像、声音、视频、动画等结合起来，极大地提升数字媒体作品的质量，丰富了数字媒体作品的形式。如将文字、动画、声音、视频集成于一体的PPT演示文稿，就为演讲者提供了更加生动活泼的演讲环境，如图6-4所示。

图6-4　PPT演讲

（3）数字媒体技术的应用

数字媒体技术极大地改变了用户体验，它在电子商务、教学、医疗诊断、视频通信、安防系统和数字出版等领域的应用十分广泛。

● **在电子商务领域的应用**。网上购物、网上交易等各种商务活动都离不开数字媒体技术的支持。运用数字媒体技术可以在网页中以更精美、优质的页面来展示内容信息，可以实现集文字、声音和图像于一体的数字营销，以便更好地吸引用户。图6-5所示为某电子商务购物网站的页面效果。

图6-5　某电子商务购物网站的页面效果

● **在教学方面的应用**。数字媒体教学可以综合处理和控制文字、符号、图像、动画、音频和视频等数字媒体信息，把这些信息按教学要求有机组合，能实现一系列人机交互操作，从而提高教学质量。如三维模拟教学、远程教学等，都是这种应用的体现，如图6-6所示。

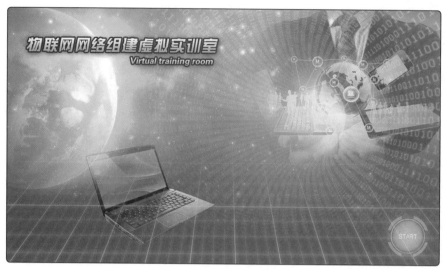

图6-6　三维模拟教学

● **在医疗诊断方面的应用**。数字媒体技术可以更好地帮助医生治疗病人，可以将病人体内的病灶更好地显示出来，可以实时地反馈影像，可以进行远程医疗会诊等。图6-7所示为通过数字媒体技术形成的医学影像。

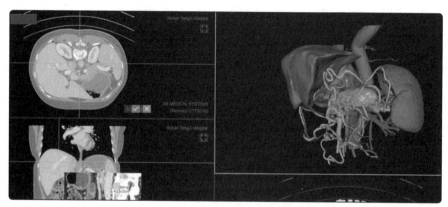

图6-7　通过数字媒体技术形成的医学影像

● **在视频通信方面的应用**。视频通信是通过数字媒体技术向用户传递视频信息的服务，如视频会议、视频电话、网络直播等，如图6-8所示。

图6-8　视频会议

● **在安防系统方面的应用**。运用数字媒体技术可以实现入侵报警系统、视频安防监控系统、出入口控制系统和防爆安全检查系统等一系列安全防范系统。图6-9所示为监控影像。数字媒体技术的发展使安防系统集图像、声音和防盗报警于一体，还可以将数据存储以备日后查询，使安全性得以大幅提升。

图6-9　监控影像

● **在数字出版方面的应用**。数字出版是在计算机技术、通信技术、网络技术、存储技术、显示技术等技术的基础上发展起来的新兴出版产业。数字出版是通过数字技术对出版内容进行编辑和加工，使用数字编码方式将图、文、声和像等信息存储在磁、光及电介质上，并通过网络传播等方式进行出版的一种新的出版方式。图6-10所示为数字出版物。

图6-10　数字出版物

❷ 数字媒体的分类与获取

常见的数字媒体包括文字、图形图像、音频、视频、动画等。

● **文字**。数字媒体中的文字可以随时进行字体、字号、字形、颜色等属性的设置，获取文字的方式也非常多样，如键盘输入、文字扫描、语音识别等。图6-11所示为通过文字扫描方式获取文字素材。

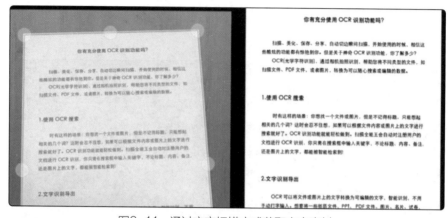

图6-11　通过文字扫描方式获取文字素材

● **图形图像**。数字媒体中的图形图像主要有两种类型，即矢量图和位图。其中，矢量图可以无限放大且不会模糊，但不利于表现复杂内容；位图则色彩逼真，表现力强，但占用空间大，放大后画面会模糊，如图6-12所示。获取图形图像的方式也是非常多的，如手动绘制、拍摄照片等。

图6-12　矢量图和位图放大后的对比效果

● **音频**。数字媒体中的音频包括音乐、音效、语音等各种声音，我们可以通过录制、制作等方式获取音频素材。图6-13所示为通过录音设备录制音频。

图6-13　通过录音设备录制音频

● **视频**。数字媒体中的视频主要是指可以存储动态影像的文件，获取视频可以采取拍摄、制作、录屏等方式，如图6-14所示。

图6-14　利用手机拍摄视频

● **动画**。动画是集绘画、数字媒体、摄影、音乐等众多艺术门类于一身的艺术表现形式，其生动、夸张、有趣的效果非常受大家喜爱。数字媒体也越来越多地使用动画来展示内容，如图6-15所示。我们可以利用动画制作软件来制作动画。

图6-15　动画效果

③ 了解数字媒体文件

与数字媒体的分类相对应，数字媒体文件的主要类型包括文本文件、图形图像文件、音频文件、视频文件、动画文件等，各种类型的文件又包含多种不同的格式，不同格式的文件具有不同的特点。下面将这些文件归纳到表6-1中以供参考学习。

表6-1　各类数字媒体文件汇总

类型	格式	特点
文本文件	TXT	Windows操作系统中的一种文本格式，文件小、不携带文本格式
	DOCX	Word文件格式，可以为文字设置各种属性
	HTML	网页文本，能设置文本格式，广泛应用于互联网

续表

类型	格式	特点
图像文件	JPG	属于有损压缩格式，能够将图像压缩并存储在很小的空间中，但在一定程度上会造成图像数据的损失
	PNG	采用无损压缩算法的位图格式，其特点是文件小、支持透明效果等
	GIF	无损压缩的图像文件格式，适合用于线条图的剪贴画以及使用大块纯色的图片，可以保存动画文件
	TIFF	主要用来存储包括照片和艺术图在内的图像，支持很多色彩，而且独立于操作系统
音频文件	WAV	非压缩的音频格式，能记录各种单声道或立体声的声音信息，并能保证声音不失真，但占用的磁盘空间太大
	MP3	有损压缩的音频格式，能够大幅度地降低音频的数据量，可以满足绝大多数音频文件的应用场景
	WMA	与 MP3 格式齐名的一种音频格式，在压缩比和音质方面都超过了 MP3，在较低的采样频率下也能产生较好的音质
	AIFF	该音频格式是 iOS 系统的标准音频格式，质量与 WAV 格式相似
视频文件	AVI	一种音频视频交错的视频文件格式，允许音视频同步回放，类似于 DVD 视频格式，主要应用在多媒体光盘上
	WMV	一种视频压缩格式，在画质几乎没有影响的情况下，可以将文件压缩至原来的二分之一
	MPEG	以视听媒体对象为基本单元，采用基于内容的压缩编码，以实现数字视音频、图形合成应用及交互式多媒体的集成
	MOV	支持 25 位彩色，支持领先的集成压缩技术，提供 150 多种视频效果，并配有 200 多种乐器数字接口（Music Instrument Digital Interface，MIDI）兼容音响和设备的声音装置
	3GP	一种流媒体的视频编码格式，是早期手机中最为常见的一种视频格式，流量使用少，但画质较差
	F4V	一种流媒体视频格式，文件小、清晰度高，利于在互联网上进行传播
动画文件	SWF	被广泛应用于网页设计、动画制作等领域，基本支持所有的操作系统和浏览器
	FLA	包含原始素材的 Flash 动画格式，可以在 Flash 认证的软件中进行编辑并编译生成 SWF 文件，但文件较大

注意　表6-1中的图像文件格式针对的均是位图，而矢量图形常见的格式主要有EPS、WMF、AI、CDR等。其中，EPS格式的文件可以用Illustrator和Photoshop等软件制作和编辑，WMF格式的文件可以用Illustrator和CorelDRAW等软件制作和编辑，AI格式的文件只能用Illustrator软件编辑，CDR格式的文件只能用CorelDRAW软件编辑。

项目任务

任务1　采集各种类型的数字媒体素材

中秋节即将来临，各班需要以节日为题材，制作一个数字媒体作品。在这之前，老师要求每个同学按照自己的方式采集可以使用的数字媒体素材，并将自己采集素材的情况填入表6-2中。

表6-2　数字媒体素材采集情况

类型	采集情况介绍
文字	
图形图像	
音频	
视频	
动画	

任务2　随心所欲转换媒体文件格式

有的时候，我们可能已经找到了内容合适的素材，但使用时却发现素材的文件格式不对，导致无法使用。遇到这种情况，我们不必重新寻找素材，而可以直接利用格式工厂这一软件将素材的格式转换成需要的格式。本任务将使用格式工厂把PNG格式的图片转换为JPG格式的图片，其具体操作如下。

微课

转换图片格式

① 下载并安装格式工厂软件，双击桌面上的快捷启动图标启动该软件，在其左侧的功能区中选择"图片"选项，在展开的"图片"列表框中选择"→JPG"选项，如图6-16所示。

② 打开"→JPG"对话框，单击 添加文件 按钮，添加文件，如图6-17所示。

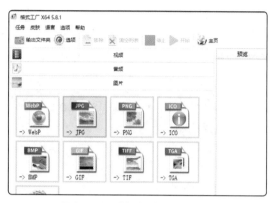

图6-16　选择转换类型和格式

图6-17　添加文件

③ 打开"请选择文件"对话框，选择要进行转换的"垃圾分类.png"图片文件（配套资源：素材/模块6），单击 打开(O) 按钮，如图6-18所示。

④ 在"→JPG"对话框中单击 输出配置 按钮，在打开的对话框中可设置图片转换后的尺寸，这里在"大小"下拉列表框中选择"原始大小"选项，单击 确定 按钮，如图6-19所示。

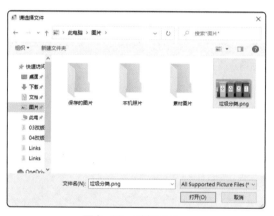

图6-18　选择图片

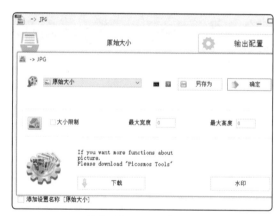

图6-19　设置输出参数

⑤ 继续在"→JPG"对话框中单击"浏览"按钮，在打开的对话框中切换到保存图片的文件夹中，这里设置为桌面，然后单击 选择文件夹 按钮，选择输出位置，如图6-20所示。

⑥ 返回"→JPG"对话框，单击 确定 按钮，确认设置，如图6-21所示。

图6-20　选择输出位置

图6-21　确认设置

⑦ 在格式工厂操作界面上单击 ▶开始 按钮，开始转换，如图6-22所示。

⑧ 软件开始按设置的条件转换图片文件，完成转换后将出现提示音效和提示内容，如图6-23所示。

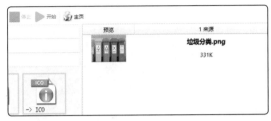

图6-22　开始转换

图6-23　完成转换

⑨ 找到并双击转换后的图片文件，查看转换前的图片，发现二者从内容上很难发现明显的差别，但转换后的JPG格式的文件大小明显要小于PNG格式的文件，如图6-24所示（配套资源：效果/模块6/垃圾分类.jpg）。

图6-24　对比转换前后的情况

 拓展知识

信息采集与编码

我们知道，信息可以用模拟信号和数字信号来表达。其中，模拟信号是指用连续变化的物理量所表达的信息，因此通常又把模拟信号称为连续信号，它在一定的时间范围内可以有无限多个不同的取值。而数字信号则是指在取值上是离散的、不连续的信号，这种信号表示的数据可以被计算机存储、处理。数字媒体技术中的数字化，就是将模拟信号转换成数字信号（0、1）的过程。

我们采集自然界中的图像、声音、影像等素材，也就是将这些模拟信号通过数字化工具转换成数字信号，这样才能用计算机来进行处理。模拟信号转换为数字信号的主要环节如图6-25所示。

图6-25　模拟信号转换为数字信号的主要环节

首先通过采样获取模拟信号的振幅随时间连续变化的关系；接着在相等的间隔时间取其振幅对应的幅度值，这就是量化操作；最后就可以对量化的值进行二进制编码，得到对应的数字信号，如图6-26所示。

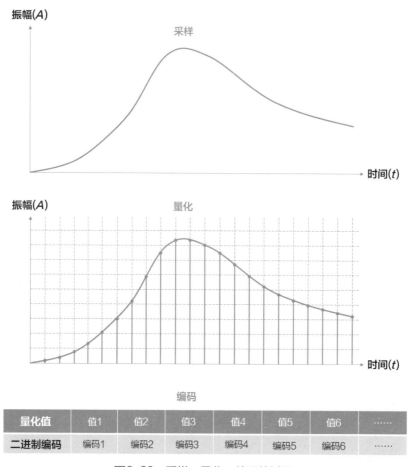

图6-26 采样、量化、编码的过程

● 关键词：模拟信号　数字信号　采样　量化　编码

 课后练习

请尝试使用手机拍摄一段5秒左右的视频文件。然后通过QQ等即时通信工具传输到计算机上，利用格式工厂将其转换为AVI格式的视频文件，输出配置设置为"高质量和大小"，屏幕大小设置为"1080P"，然后对比转换前后两个视频的效果。

项目 6.2　加工数字媒体素材

一个优秀的数字媒体作品，离不开各种高质量的数字媒体素材，而我们获取的素材，往往也需要通过加工才适合使用。因此，加工素材这个环节是非常重要的，它不仅可以将素材的优势发挥出来，更能为数字媒体作品提供高质量的"原材料"。

◎ 图片编辑的理论知识与操作。
◎ 音频编辑的理论知识与操作。
◎ 视频编辑的理论知识与操作。
◎ 动画制作的理论知识与操作。

相关知识

1 图片编辑与加工

图片编辑软件有很多，如Photoshop、美图秀秀、Illustrator等。图片的编辑与加工则主要涉及3个方面的内容。

（1）图片尺寸和旋转角度编辑

如果图片尺寸过大，我们可以根据需要重新调整其尺寸大小；如果仅需要使用图片中的部分信息，则可以通过裁剪的方式裁剪掉不需要的区域；如果需要图片呈现一定的旋转角度，则可以通过旋转的方式使其出现一定的角度。图6-27所示为这几种编辑加工方式的对比效果。

图6-27　调整图片尺寸、裁剪图片、旋转图片的效果

（2）图片画质的编辑

图片画质涉及亮度、对比度、色彩、清晰度等多种属性的编辑和加工。其中亮度可以调整图片的整体画面敏感程度；对比度可以调整图片明暗之间的过渡层次，对比度

越高，明暗对比就越大；色彩可以调整图片的整体色调；清晰度可以调整图片的分辨率等。图6-28所示为这几种编辑加工方式的对比效果。

图6-28　调整图片亮度、对比度、色彩、清晰度的效果

提示

　　调整图片色彩时可以调整饱和度、色温、色调等属性。其中，饱和度也叫纯度，指颜色的鲜艳程度；色温指图片整体呈现出的冷色光或暖色光效果；色调指图像的相对明暗程度。

（3）图片内容的编辑

图片内容的编辑主要是指在图片中添加文字、贴图、边框等元素，以丰富图片的表现形式。图6-29所示为这几种编辑加工方式的对比效果。

② 音频剪辑与处理

音频素材最常见的剪辑与处理方式包括音频的裁剪、合并，以及音频效果的各种处理。

图6-29　在图片中添加文字、贴图、边框的效果

（1）裁剪音频

音频素材可能由于长短不合适，或仅需要素材中的部分内容等情况，而需要我们进行裁剪编辑，以获取到其中想要的内容，如图6-30所示。一些音频编辑与处理软件都具备这类基础的编辑功能，如Audition、Audacity、Ocenaudio、GoldWave等。

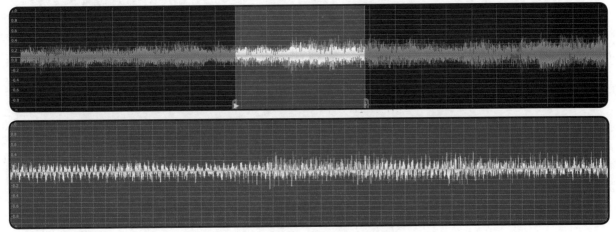

图6-30　将所选区域以外的音频裁剪掉

（2）合并音频

合并音频有两种情况，一种是将多个音频片段前后衔接起来组成一段新的文件，另一种则是将多个音频文件通过混合等方式合成起来，使一段音频中同时出现多种声音内容，如图6-31所示。

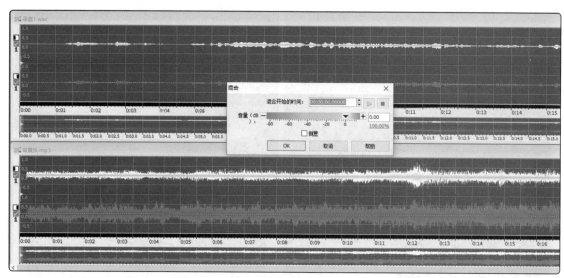

图6-31　将"录音1.wav"和"背景乐.mp3"两个音频文件混合

（3）处理音频效果

音频素材可以通过各种效果处理来提升质量或变为需要的效果，如降噪、添加混响、变调、设置立体声等。图6-32所示为设置混响效果前后的波形对比。

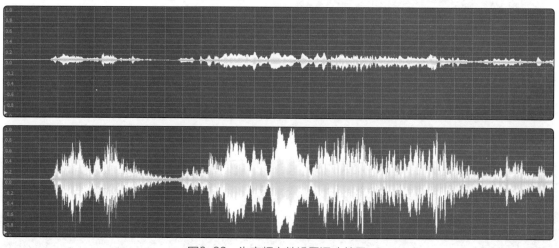

图6-32　为音频文件设置混响效果

❸ 视频剪辑与处理

视频编辑软件有Premiere、会声会影、剪映等，而视频素材的剪辑与处理则主要有裁剪、分割、设置播放顺序和速度、添加滤镜等方式。

（1）裁剪视频

裁剪视频裁剪的是视频画面的区域，而不是视频内容。通过裁剪画面区域，可以调整画面尺寸，保留需要的部分，如图6-33所示。

（2）分割

分割是指将视频内容割开，形成多个片段，通过这种方式可以提取精华片段，然后通过剪辑手段重新组合视频，如图6-34所示。

图6-33　裁剪掉不需要的视频画面区域

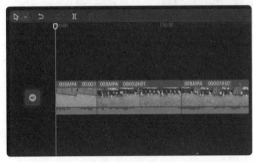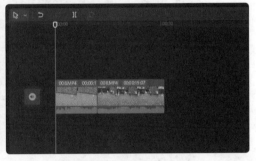

图6-34　通过分割操作后重新组合的视频

（3）设置播放顺序和速度

通过设置视频的播放顺序，可以实现正放或倒放的效果；通过设置视频的播放速度，则可以实现快放或慢放的效果。这两种编辑加工方式非常实用，可以制作出一些精彩绝伦的画面。图6-35所示即为气球破裂瞬间的慢放效果。

（4）添加滤镜

如果视频受拍摄天气、设备等影响，导致画

图6-35　慢放视频

面质量并不理想，可以通过为视频添加滤镜的方式来改善视频的亮度、曝光度、色彩等属性。图6-36所示即为通过添加滤镜效果将普通下雨镜头调整为具有电影质感的镜头。

图6-36　通过添加滤镜效果将普通下雨镜头调整为具有电影质感的镜头

4 制作简单动画

动画素材包括二维动画、三维动画和动态图片几种类型，其中二维动画制作软件有Flash、万彩动画大师等；三维动画制作软件有3ds Max、Maya等；动态图片制作软件有美图秀秀、Photoshop、GifCam等。

其中，动态图片对于新手而言更容易制作。所谓动态图片，是指由一组特定的静态图像按一定的频率切换而产生出动态效果的图片，其最常见的表现形式就是GIF动图，如图6-37所示。

图6-37　GIF动图的逐帧图片效果

 项目任务

任务1　美化图片

图片编辑与加工是进行数字媒体设计的必备技能之一。通常情况下，处理图片会选择使用Adobe公司的Photoshop等专业的图像处理软件，但若只需要对图片进行简单处理，则可以使用美图秀秀这种简单易学且功能同样丰富的图像处理软件。本任务便将使用美图秀秀来美化一张普通的图片，将其加工成一张海报，如图6-38所示。其具体操作如下。

微课

美化图片

图6-38　图片美化后的效果

① 启动美图秀秀，单击操作界面右上角的 打开 按钮，打开"打开图片"对话框，选择"杂交水稻.jpeg"图片文件（配套资源：素材/模块6），单击 打开(O) 按钮，如

图6-39所示。

② 在当前界面上方单击 □尺寸 按钮，打开"尺寸"对话框，将宽度和高度分别设置为"1600"和"900"，单击 确定 按钮，设置图片尺寸，如图6-40所示。

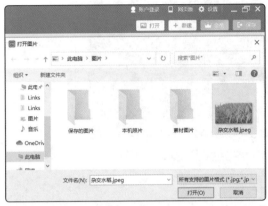

图6-39　打开图片

图6-40　设置图片尺寸

技巧　　若启动美图秀秀后，单击操作界面右上角的 ＋新建 按钮，可打开"新建画布"对话框，在其中设置画布大小从而创建指定大小的空白画布。接着可以在画布上单击鼠标右键，在弹出的快捷菜单中选择"插入一张图片"命令，便可在画布上插入图片。

③ 继续单击 ✂裁剪 按钮，在显示界面左上方设置裁剪的宽度和高度分别为"1600"和"900"，单击选中"锁定比例"复选框，设置裁剪参数，如图6-41所示。

④ 拖曳裁剪框边框上的控制点调整裁剪区域的大小，然后拖曳裁剪框确定保留区域，单击 应用当前效果 按钮确认裁剪，如图6-42所示。

图6-41　设置裁剪参数

图6-42　确认裁剪

⑤ 在操作界面上方单击"美化图片"选项卡，选择左侧的"光效"选项，打开"光效"对话框，在其中设置智能补光、亮度、对比度、高光调节、暗部改善等参数，单击 应用当前效果 按钮，设置并应用光效，如图6-43所示。

⑥ 继续在操作界面左侧选择"色彩"选项，打开"色彩"对话框，设置饱和度和色温，单击 应用当前效果 按钮，设置并应用色彩，如图6-44所示。

图6-43   设置并应用光效

图6-44   设置并应用色彩

⑦ 单击操作界面上方的"文字"选项卡，选择左侧的"输入文字"选项，在打开的"文字编辑"对话框中的文本框中输入图6-45所示的文字内容，将字体格式设置为"方正精品楷体简体、白色、加粗、右对齐"。

图6-45   输入并设置文字

⑧ 单击选中对话框下方的"阴影"复选框，在图片上调整文本框的大小和位置，单击 确定 按钮，如图6-46所示。

图6-46 设置文字大小、位置和阴影效果

⑨ 按相同方法添加"中 国 梦"文字，并设置其格式为"方正正大黑简体、白色、透明度50%"，然后调整文本框的大小和位置，单击 确定 按钮，如图6-47所示。

图6-47 添加并设置文字

⑩ 单击操作界面上方的"贴纸饰品"选项卡，选择左侧的"炫彩水印"选项，如图6-48所示。

⑪ 在操作界面右侧的列表框中选择图6-49所示的贴纸。

图6-48 选择贴纸类型

图6-49 选择贴纸样式

⑫ 通过拖曳的操作在图片上调整贴纸对象的位置和大小，如图6-50所示。

⑬ 按相同方法继续添加两个相同的贴纸，并调整它们在图片上的位置和大小，如图6-51所示。

图6-50　调整贴纸位置和大小　　　　　　　　图6-51　继续添加贴纸

⑭ 单击操作界面右上角的 ┣ 保存 按钮，打开"保存"对话框。在其中依次设置图片的保存路径、文件名、格式，并设置画质，最后单击 保存 按钮完成操作，如图6-52所示（配套资源：效果/模块6/海报.jpg）。

图6-52　保存图片

任务2　制作GIF动态图片

GIF动态图片制作简单、形象生动，且文件量小，支持各种网络通信标准，因此在互联网上应用极为广泛。本任务将使用美图秀秀的"GIF制作"功能，制作一个简单的动态图片，参考效果如图6-53所示。其具体操作如下。

① 启动美图秀秀，选择操作界面中的"GIF制作"选项，弹出"温馨提示"对话框，单击 确定 按钮，如图6-54所示。

② 打开"打开"对话框，选择"GIF01.jpg"图片文件（配套资源：素材/模块6），单击 打开(O) 按钮，如图6-55所示。

微课

制作GIF动态图片

图6-53　GIF动态图片效果

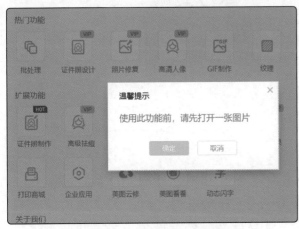

图6-54　使用GIF制作功能

图6-55　添加一张图片

③　此时将打开"GIF制作"对话框，选择右上角的"添加多张图片"按钮⬆️，如图6-56所示。

④　继续在打开的对话框中利用【Shift】键同时选择"GIF02.jpg～GIF05.jpg"图片文件（配套资源：素材/模块6），单击 打开(O) 按钮，如图6-57所示。

图6-56　添加多张图片

图6-57　选择多张图片

⑤　在"GIF制作"对话框中单击 效果预览 按钮，此时可以预览GIF动态图片的效果，如图6-58所示。

⑥ 在"GIF制作"对话框左侧的列表框中选择"速度设置"栏下的"速度调整"选项，在对话框右上角将速度调整为"0.4s/张"，调整每张图片的切换速度，如图6-59所示。再次预览效果，确认无误后单击 保存 按钮。

图6-58　预览效果

图6-59　调整每张图片的切换速度

提示

　　制作GIF动态图片时，我们需要准备好或制作出每一个动态画面对应的图片内容，这样在利用美图秀秀创建GIF动态图片时，需要做的操作就是将这一组图片添加进来，并适当调整速度，然后根据需要选择是否设置底纹、添加文字等操作，就能轻松完成GIF动态图片的制作了。

⑦ 打开"保存"对话框，在其中依次设置图片的保存路径、文件名、格式，最后单击 保存 按钮，保存动态图片，如图6-60所示（配套资源：效果/模块6/征途.gif）。

图6-60　保存动态图片

注意　如果添加到"GIF制作"对话框中的图片的顺序错误，在对话框左侧的列表框中选择"图片列表"选项，然后拖曳右侧列表框中的图片至正确的位置进行替换就能调整为正确的顺序。

任务 3　加工出优质的视频素材

通过手机等方式录制的视频素材往往需要经过加工才能得到精彩的片段。本任务将使用剪映来加工一段用手机拍摄的视频，通过学习掌握视频素材加工的思路、方法和技巧。视频加工前后的对比效果如图6-61所示。其具体操作如下。

图6-61　视频加工前后的对比效果

① 在计算机上下载并安装剪映专业版，然后启动该软件，在显示的操作界面中单击 ⊕ 开始创作 按钮，开始创作，如图6-62所示。

② 进入剪映主界面，单击 + 导入素材 按钮，导入素材，如图6-63所示。

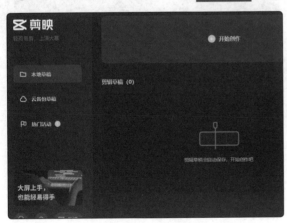

图6-62　开始创作　　　　　　　　　　　图6-63　导入素材

③ 在打开的对话框中选择"雨林.mp4"视频文件（配套资源：素材/模块6），单击 打开(O) 按钮，如图6-64所示。

④ 将导入的视频素材拖曳到时间轴上，如图6-65所示。

图6-64　选择素材

图6-65　将导入的视频素材拖曳到时间轴上

⑤ 在时间轴上的视频素材上单击鼠标右键，在弹出的快捷菜单中选择"分离音频"命令，如图6-66所示。

⑥ 在分离出的音频素材上单击鼠标右键，在弹出的快捷菜单中选择"删除"命令，如图6-67所示。

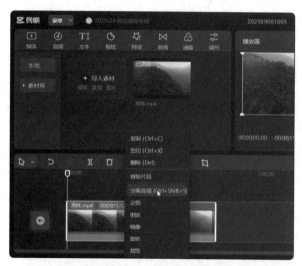

图6-66　分离音频

图6-67　删除音频

注意

　　视频中的音频并非必须分离出来删除掉，当我们一边解说一边录制视频时，解说的音频内容就可以保存下来，避免重新配音。但对于不需要的音频，则建议分离并删除，以便重新为视频添加其他音乐或音效对象。

⑦ 拖曳定位器至目标位置，此时可通过"播放器"栏观察视频内容，以便找到合适的位置，也可结合键盘上的【←】和【→】键精确调整定位器，确认后单击"分割"按钮，分割视频，如图6-68所示。

⑧ 在分割出的第2个视频素材上单击鼠标右键，在弹出的快捷菜单中选择"删除"命令，删除视频，如图6-69所示。

图6-68　分割视频

图6-69　删除视频

⑨ 单击主界面上方的"滤镜"选项卡，在左侧"滤镜库"列表框中选择"精选"选项，然后将"透亮"滤镜拖曳到视频素材上，添加滤镜，如图6-70所示。

⑩ 在主界面右侧可以针对该滤镜进行设置，这里将"混合模式"设置为"变亮"，并将"缩放"参数设置为"105%"，如图6-71所示。

图6-70　添加滤镜

图6-71　设置滤镜

⑪ 单击"变速"选项卡，将"倍数"参数设置为"1.5x"，然后单击上方的 ⬆导出 按钮，如图6-72所示。

⑫ 在打开的对话框中设置视频的名称和保存位置等参数，单击 导出 按钮便完成了对视频素材的编辑加工操作，如图6-73所示（配套资源：效果/模块6/雨林.mp4）。

图6-72　调整播放速度

图6-73　导出视频

拓展知识

图像的构图与色彩基础

无论演示义稿、视频，还是其他数字媒体作品，都可能会使用到图像这类素材。当我们通过拍摄的方式记录图像时，就需要考虑怎样才能使图像内容看上去更加精美。而高质量的图像，其内在的构图和色彩都是非常讲究的，下面对这两个方面的知识做简要介绍。

（1）构图

构图可以简单地理解为如何建立拍摄的画面，例如哪些内容不应该出现在画面中，哪些内容应该出现以强化主体拍摄对象等，整个画面看上去是松散的、杂乱无章的，还是均衡稳定的，这些都是构图时需要考虑的因素。作为新手，我们可以通过一些常用的构图技法来提升拍摄图像时的构图能力。

● **中心构图法**。将拍摄主体放置在画面中心，这种构图方式的优势在于主体突出、明确，而且画面容易取得左右平衡的效果，如图6-74所示。

图6-74　中心构图法

● **水平线构图法**。画面以水平线条为参考线，将整个画面二等分或三等分，通过水平、舒展的线条表现出宽阔、稳定、和谐的效果，如图6-75所示。

图6-75　水平线构图法

● **垂直线构图法**。画面以垂直线条为参考线，充分展示景物的高度和深度，如图6-76所示。

图6-76　垂直线构图法

● **九宫格构图法**。画面通过两条水平线和两条垂直线平均分割为9块区域，将拍摄主体放置在任意一个交叉点位置，这种构图法可以使画面看上去非常自然舒服，如图6-77所示。

图6-77　九宫格构图法

● **对角线构图法**。将拍摄主体沿画面对角线方向排列，表现出动感、不稳定性或生命力等感觉，如图6-78所示。

图6-78　对角线构图法

● **引导线构图法**。通过引导线将焦点引导到画面的主体，如图6-79所示。

图6-79　引导线构图法

（2）色彩

色彩是图像非常重要的表现形式，不同的色彩搭配，会直接影响我们看到图像时的感觉。丰富多彩的颜色可以分为无彩色和有彩色两大类，前者如黑、白、灰，后者如红、黄、蓝等。

有彩色的色彩具有色相、纯度、明度三大特征。其中，色相就是色彩的颜色；纯度即饱和度，是色彩的纯净程度；明度是色彩的光亮程度。如果使用单独的色彩，则需要了解色彩在生活中表达的一般含义，如黑色代表庄严，白色代表纯洁，红色代表喜庆，黄色代表活泼，紫色代表优雅等。如果使用多种色彩，则需要了解一些基本术语。

从颜料的角度，我们将红、黄、蓝3种色彩定义为三原色，在此基础上衍生出其他颜色，并通过十二色环来研究各颜色的关系，如图6-80所示。

● **二次色**。红、黄、蓝三原色按1∶1的比例两两混合而成，如红色与黄色的二次色为橙色，黄色与蓝色的二次色为绿色，蓝色与红色的二次色为紫色。

● **三次色**。红、黄、蓝三原色按2∶1的比例两两混合而成，例如红色与黄色混合，若红色与黄色的比例为2∶1，则混合出红橙色，若红色与黄色的比例为1∶2，则混合出黄橙色。

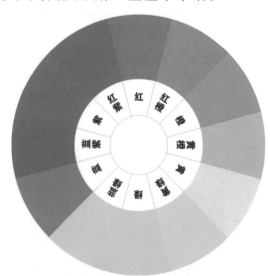

图6-80　十二色环

● **对比色**。指色相环中相隔120°至150°的任何3种色彩，如红色的对比色为黄色和黄绿色。对比色能够构成明显的色彩效果，可以赋予图像更多的色彩表现力。

● **互补色**。指色相环中相距180°的两种色彩，如红色的互补色为绿色。互补色能够引起画面最为强烈的色彩对比。

● **邻近色**。指色相环中在60°范围之内的色彩，如红色的邻近色为红橙色。邻近色可以使整个画面和谐统一、柔和自然。

● **类似色**。指色相环中在90°内的色彩，如红色的类似色为红橙色、橙色。类似色不会引起画面的色彩冲突，可以营造出协调、平和的氛围。

● **关键词：** 摄影构图　色彩搭配

 **课后练习**

请尝试使用手机拍摄一段10秒左右的风景视频，然后利用剪映软件加工该视频文件。要求分离并删除音频内容，并截取出5秒左右的核心视频画面，然后通过添加各种滤镜来提升视频质感。

项目 6.3 制作数字媒体作品

我们已经准备好制作数字媒体作品需要的各类素材，下面将首先了解数字媒体作品的相关设计规范，然后学习演示文稿、短视频、H5等常见数字媒体作品的制作流程和方法。

学习要点

◎ 数字媒体作品的设计规范。
◎ 使用PowerPoint制作演示文稿。
◎ 使用剪映制作短视频。
◎ 使用MAKA制作H5作品。

 相关知识

1 数字媒体设计规范

数字媒体作品以其生动形象、活泼有趣的内容，受到大家普遍的青睐。在设计并制作数字媒体作品时，我们应该遵循一定的规范，以保证作品的质量。

（1）整体构思

数字媒体作品传达的内容就像是为我们讲述一个故事，或者是让我们看一场电影。那么这个"故事"或这场"电影"的内容是否完整、主题是否鲜明、逻辑是否清晰等，都是需要考虑的问题。

我们可以遵循"三线一纲"的规范，从整体上为数字媒体作品构思出一个好的框架，如图6-81所示。

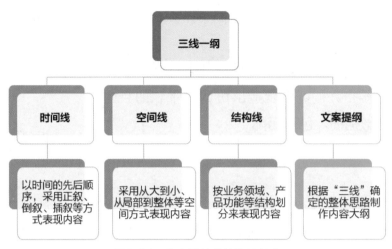

图6-81　数字媒体整体构思规范

（2）视觉统一

一般情况下，数字媒体作品需要确保视觉效果统一，这就涉及字体、色彩、画面质感、节奏、风格等多方面的统一问题。对于我们而言，一定要避免使用过多的字体、色彩、滤镜、动画效果等来制作，否则整个作品视觉上就会显得杂乱无章，让人眼花缭乱。

（3）素材使用

数字媒体作品会涉及图片、视频、音频、动画、文本等各种各样的素材。首先，如果我们的作品属于商用性质，那么素材就一定不能出现版权问题，不能未经允许擅自使用他人的素材；其次，素材内容需要清晰，但同时也要让作品的文件量不能过大，这就需要我们在高质量素材和作品大小之间找到一个平衡点，既保证作品占用的空间满足需求，又保证作品的清晰度；最后，素材的内容应该紧贴整体的构思和大纲，不能出现"文不对题"的现象。

❷ 演示文稿的制作思路

演示文稿可以为静态的内容添加动态效果，通过一张张幻灯片的放映，达到以生动形象的方式展示数据信息的目的。本书将以PowerPoint这个软件来制作演示文稿，其基本制作思路如图6-82所示。

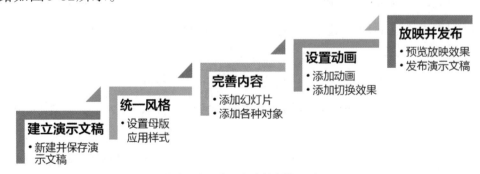

图6-82　演示文稿的制作思路

3 短视频的制作思路

短视频同样可能涉及文字、图片、音频、视频、动画等各种素材，在我们已经准备好所有素材后，可以利用剪映按图6-83所示的常见制作思路完成制作。

图6-83　短视频的制作思路

注意

　　无论是演示文稿还是短视频，其制作思路都不是一成不变的，实际操作时可以根据需要或制作习惯进行调整。这里只是归纳出一种较为常见的制作思路以供参考。

项目任务

任务 1　制作"防风固沙"演示文稿

本任务将利用PowerPoint制作一个普及防风固沙知识的演示文稿，整个任务的步骤较多，因此将分为几大环节进行介绍。通过本次练习，一方面可以熟悉制作演示文稿的思路，另一方面可以掌握使用PowerPoint制作演示文稿的技巧。演示文稿制作后的参考效果如图6-84所示。

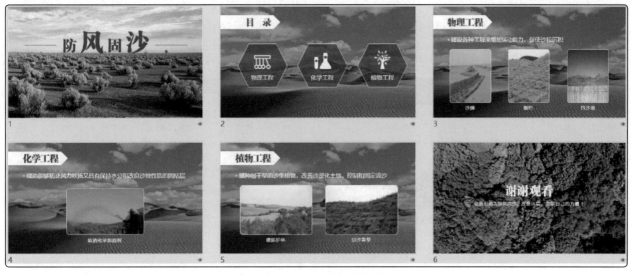

图6-84　演示文稿的参考效果

① 通过母版统一幻灯片风格

下面首先新建空白演示文稿并将其保存到计算机中，然后进入幻灯片母版，对标题幻灯片和内容幻灯片的版式进行设置，其具体操作如下。

① 启动PowerPoint 2016，在打开的窗口中选择"空白演示文稿"选项，如图6-85所示。

② 按【Ctrl+S】组合键，将演示文稿以"防风固沙"为名保存到计算机上，然后在"视图"/"母版视图"组中单击"幻灯片母版"按钮，如图6-86所示。

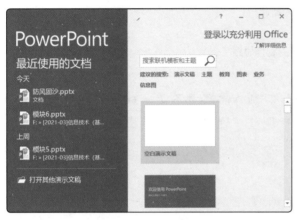

图6-85　新建空白演示文稿

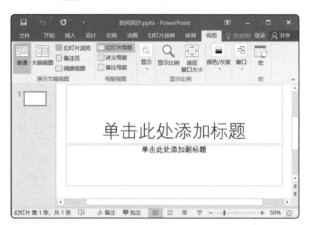

图6-86　单击"幻灯片母版"按钮

提示

按【Ctrl+S】组合键后，需在显示的界面中选择"另存为"栏下的"浏览"选项，然后在打开的对话框中设置演示文稿的名称和保存位置。

③ 选择左侧幻灯片窗格中的第2张幻灯片，即标题幻灯片版式对应的幻灯片，然后选择右侧标题占位符，将其字体格式设置为"方正粗宋简体、阴影"，如图6-87所示。

④ 选择左侧幻灯片窗格中的第3张幻灯片，即标题和内容版式对应的幻灯片，然后在"插入"/"图像"组中单击"图片"按钮，如图6-88所示。

图6-87　设置标题幻灯片版式

图6-88　设置内容幻灯片版式

⑤ 在打开的对话框中插入"沙化.jpg"图片文件（配套资源：素材/模块6），并调整其尺寸，使其完全覆盖幻灯片页面，如图6-89所示。

⑥ 保持图片的选中状态，在"图片工具-格式"/"调整"组中单击"更正"按钮 ，在弹出的下拉列表中选择图6-90所示的选项。

图6-89　插入图片　　　　　　　　　图6-90　设置图片亮度和对比度

⑦ 在"排列"组中单击 下移一层 按钮右侧的下拉按钮，在弹出的下拉列表中选择"置于底层"选项，调整图片叠放顺序，如图6-91所示。

⑧ 在"插入"/"插图"组中利用"形状"下拉按钮 插入"箭头总汇"栏中的"五边形"形状，取消轮廓色，填充为白色，并调整其高度和宽度，移至图6-92所示的位置。

图6-91　调整图片叠放顺序　　　　　　图6-92　插入并设置形状

⑨ 选择标题占位符，在"绘图工具-格式"/"排列"组中单击 上移一层 按钮右侧的下拉按钮，在弹出的下拉列表中选择"置于顶层"选项，调整标题占位符叠放顺序，如图6-93所示。

⑩ 继续将文本格式设置为"方正粗宋简体，橙色、个性色2、深色50%"，如图6-94所示。

图6-93 调整标题占位符叠放顺序

图6-94 设置标题占位符字体格式

提示

占位符是演示文稿中特有的对象，其性质与文本框类似，可以在其中输入并设置文本，也可设置占位符的轮廓和填充颜色。演示文稿中的占位符有标题占位符、内容占位符、正文占位符，以及图片、图表、表格等各种对象占位符，在幻灯片母版中可以通过"幻灯片母版"/"母版版式"组中的"插入占位符"按钮插入所需的占位符。

⑪ 选择内容占位符中的第一级文本对象，将文本格式设置为"方正兰亭中黑简体、白色"，如图6-95所示。

⑫ 在"幻灯片母版"/"关闭"组中单击"关闭母版视图"按钮，如图6-96所示。

图6-95 设置内容占位符中第一级文本格式

图6-96 退出幻灯片母版编辑状态

② 完善幻灯片内容

完成了母版设计后，下面就可以逐一添加幻灯片及其中的内容了，其具体操作如下。

① 在幻灯片的标题占位符中输入"防 风 固 沙"，将文本颜色设置为"橙色、个性色2、深色50%"，将"防"和"固"的字号设置为"72"，将"风"和"沙"的字号设置为"115"，然后删除副标题占位符，如图6-97所示。

② 在幻灯片中插入"封面.jpg"图片文件（配套资源：素材/模块6），将大小调整为完全覆盖幻灯片页面，并将叠放顺序设置为"置于底层"，如图6-98所示。

图6-97 输入并设置标题文本

图6-98 插入背景图片

③ 将标题占位符的位置向上移动至背景图片中地平线的位置，然后插入一条水平的直线，将直线轮廓颜色设置为与字体相同的颜色。复制水平直线，将两条直线调整到图6-99所示的位置。

④ 在"开始"/"幻灯片"组中单击"新建幻灯片"按钮 ▦ 下方的下拉按钮 ▾，在弹出的下拉列表中选择"标题和内容"选项，如图6-100所示。

图6-99 插入水平直线

图6-100 新建标题和内容版式的幻灯片

⑤ 在新建的幻灯片的标题占位符中输入" 目　录"，然后将下方的内容占位符删除，如图6-101所示。

⑥ 插入一个六边形，在其上单击鼠标右键，在弹出的快捷菜单中选择"设置形状格式"命令，打开"设置形状格式"任务窗格，在该窗格中设置形状的轮廓为白色、填充为"橙色、个性色2、深色50%"，并将填充透明度设置为"30%"，如图6-102所示。

⑦ 插入文本框，输入"物理工程"，将文本格式设置为"方正兰亭中黑简体、28号、白色"，并将文本框移至图6-103所示的位置。

⑧ 插入"图标1.png"图片文件（配套资源：素材/模块6），将其移至图6-104所示的位置。

图6-101　输入标题文字

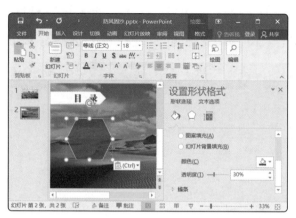

图6-102　插入并设置形状

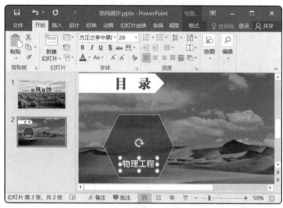

图6-103　插入文本框

图6-104　插入图片

⑨ 通过复制的方法制作另外两组对象，其中"化学工程"组对应的是"图标2.png"图片文件（配套资源：素材/模块6），"植物工程"组对应的是"图标3.png"图片文件（配套资源：素材/模块6），如图6-105所示。

⑩ 选择左侧幻灯片窗格中的第2张幻灯片，按【Enter】键将快速新建相同版式的幻灯片，如图6-106所示。

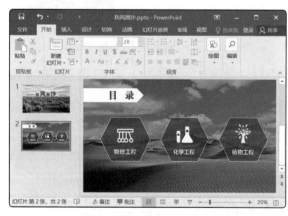

图6-105　完善幻灯片内容

图6-106　新建幻灯片

⑪ 在新建的幻灯片中分别依次输入标题文本和内容文本，如图6-107所示。

⑫ 继续在幻灯片中插入一个圆角矩形，调整该形状的大小、圆角和位置，并将其轮廓色填充为白色，如图6-108所示。

图6-107　输入标题文本和内容文本

图6-108　插入圆角矩形

⑬ 选择形状，在"绘图工具-格式"/"形状样式"组中单击 形状填充▾ 下拉按钮，在弹出的下拉列表中选择"图片"命令，如图6-109所示。

⑭ 打开"插入图片"对话框，选择"从文件"选项，如图6-110所示。

图6-109　填充图片

图6-110　从文档插入

⑮ 利用"插入图片"对话框插入"沙障.jpg"图片文件（配套资源：素材/模块6），如图6-111所示。

⑯ 插入文本框，输入"沙障"，将文本格式设置为"方正兰亭中黑简体、24号、白色"，并将文本框移至图6-112所示的位置。

图6-111　插入图片

图6-112　插入文本框

⑰ 按相同方法制作"栅栏"和"挡沙墙"两组对象的形状和文本框内容（配套资

源：素材/模块6/栅栏.jpg、挡沙墙.jpg），如图6-113所示。

⑱ 继续根据相同的操作制作"化学工程"和"植物工程"两张幻灯片（配套资源：素材/模块6/加固剂.jpg、防护林.jpg、封沙育草.jpg），如图6-114所示。

图6-113　插入另外两组对象

图6-114　制作第4张和第5张幻灯片

⑲ 新建标题幻灯片，在其中插入"森林.jpg"图片文件（配套资源：素材/模块6），将其尺寸调整为完整覆盖幻灯片页面，并将其叠放顺序设置为"置于底层"，如图6-115所示。

⑳ 在标题占位符和副标题占位符中分别输入相应的文本，将标题文本的颜色设置为"白色"，将副标题文本的格式设置为"方正兰亭中黑简体、白色"，如图6-116所示。

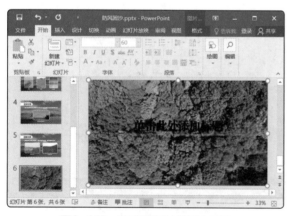

图6-115　新建幻灯片并插入图片

图6-116　输入并设置文本

3 添加动画效果

为了使演示文稿发挥形象生动的优势，我们需要为幻灯片中的对象和幻灯片自身添加相应的动画效果。其具体操作如下。

① 选择第1张幻灯片的标题占位符，在"动画"/"动画"组的"动画样式"下拉列表框中选择"弹跳"选项，如图6-117所示。

② 选择标题占位符左侧的线条，在"动画"组的"动画样式"下拉列表框中选择"飞入"选项，继续单击该组中的"效果选项"按钮，在弹出的下拉列表中选择"自

左侧"选项，在"计时"组的"开始"下拉列表框中选择"上一动画之后"选项，表示在标题占位符动画效果完成后，自动播放动画，如图6-118所示。

图6-117　为标题占位符添加动画

图6-118　为左侧线条添加动画

提示

PowerPoint中的动画样式有"进入""强调""退出""动作路径"几种类型。放映演示文稿时，进入类动画会以"从无到有"的方式显示对象；强调类动画会以"强调突出"的方式显示对象；退出类动画会以"从有到无"的方式显示对象；动作路径类动画可以引导对象的动画移动路径。如果要为某个对象应用多种类型的动画，则可以单击"动画"/"高级动画"组中的"添加动画"按钮★来添加。

③ 选择标题占位符右侧的线条，在"动画"组的"动画样式"下拉列表框中选择"飞入"选项，继续单击该组中的"效果选项"按钮←，在弹出的下拉列表中选择"自右侧"选项，在"计时"组的"开始"下拉列表框中选择"与上一动画同时"选项，表示与左侧线条同时播放动画效果，如图6-119所示。

④ 切换到第2张幻灯片，为第1组对象中的图片添加"进入-淡出"动画，在"计时"组的"持续时间"数值框中设置动画播放时间为"01.20"。然后为该组对象中的文本框添加相同的动画效果并设置同样的播放时间，将文本框的动画开始方式设置为"与上一动画同时"，如图6-120所示。

图6-119　为右侧线条添加动画

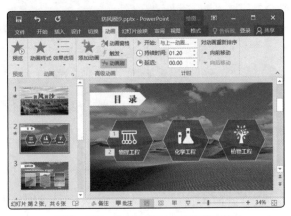
图6-120　为图片和文本框添加动画

⑤ 按相同方法为另外两组对象中的图片和文本框添加动画效果，达到单击鼠标同时显示第1组对象中的图片和文本框，再次单击鼠标同时显示第2组对象中的图片和文本框，再次单击鼠标同时显示第3组对象中的图片和文本框的目的，如图6-121所示。

⑥ 切换到第3张幻灯片，为内容占位符添加"进入-擦除，自左侧，单击时，1.2秒"动画效果，如图6-122所示。

图6-121　为另外两组图片和文本框添加动画效果

图6-122　为内容占位符添加动画效果

⑦ 为第1组对象中的图片添加"进入-轮子，单击时"动画效果，为文本框添加"进入-浮入，上浮，上一动画之后"动画效果，如图6-123所示。

⑧ 按相同方法为另外两组图片和文本框添加动画效果，如图6-124所示。

图6-123　为图片和文本框添加动画效果

图6-124　为另外两组图片和文本框添加动画效果

技巧　如果需要为多个对象重复设置相同的动画效果，则可在设置好一个动画效果后，选择该对象，双击"动画"/"高级动画"组中的 ★动画刷 按钮，然后单击其他对象（包括其他幻灯片中的对象），快速为这些对象添加相同的动画。完成后按【Esc】键退出动画刷状态。

⑨ 对第4张和第5张幻灯片中的内容占位符、图片、文本框等对象，按第3张幻灯片中相应对象的动画效果进行设置，如图6-125所示。

⑩ 切换到第6张幻灯片，利用【Shift】键同时选择标题占位符和副标题占位符，为其添加"进入-淡出，单击时，1.5秒"动画效果，如图6-126所示。

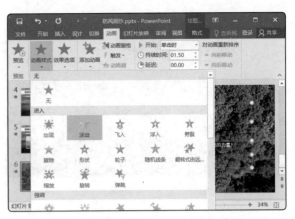

图6-125　为第4~5张幻灯片添加动画　　　　图6-126　为第6张幻灯片添加动画

⑪ 在"切换"/"切换到此幻灯片"组的"切换效果"下拉列表框中选择"细微型"栏中的"分割"选项，如图6-127所示。

⑫ 在"计时"组的"声音"下拉列表框中选择"风声"选项，单击  全部应用 按钮，使所有幻灯片应用相同的切换效果，如图6-128所示。

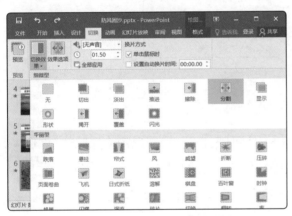

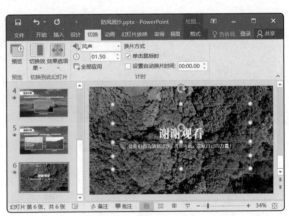

图6-127　添加幻灯片切换效果　　　　　　图6-128　设置并应用切换效果

④ 放映并发布演示文稿

完成上述所有操作后，下面就可以通过放映幻灯片检查演示文稿，然后将演示文稿发布为PDF等其他文件了。其具体操作如下。

① 按【F5】键进入放映演示文稿的状态，单击鼠标依次放映各张幻灯片直至结束，检查内容和动画效果等是否有误，如图6-129所示。

② 确认无误后按【Ctrl+S】组合键保存。单击"文件"选项卡，选择左侧的"导出"选项，在"导出"栏下选择"创建PDF/XPS文档"选项，并单击"创建PDF/XPS"按钮，如图6-130所示。

③ 打开"发布为PDF或XPS"对话框，设置演示文稿发布后的名称和位置，单击 发布(S) 按钮便可将演示文稿发布为PDF文档，如图6-131所示（配套资源：效果/模块6/防风固沙.pptx、防风固沙.pdf）。

图6-129　放映演示文稿

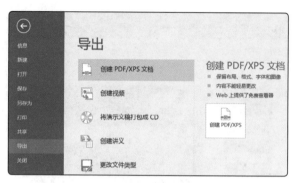

图6-130　导出演示文稿

图6-131　发布为PDF文件

任务 2　制作"海洋环境"短视频

微课

制作"海洋环境"短视频

准备好需要的各类素材后，就可以轻松地利用剪映来完成短视频的制作。本任务将按照"导入素材→添加转场→编辑文字→添加音频→导出作品"这个流程来制作"海洋环境"短视频，该视频的参考效果如图6-132所示。其具体操作如下。

图6-132　短视频的参考效果

① 启动剪映并创建项目，然后导入"海洋1～海洋5.mp4"视频文件（配套资源：素材/模块6），如图6-133所示。

② 按图6-134所示的顺序，依次将视频素材拖曳到时间轴上。

图6-133　导入视频素材

图6-134　添加视频素材

③ 单击"转场"选项卡，选择"基础转场"类下的"叠化"选项，如图6-135所示。

④ 将该转场效果拖曳到前两个视频素材之间，然后拖曳转场边界，将转场时长调整为"1秒"（在操作界面右上方的"转场"栏中可查看和修改转场时长），如图6-136所示。

图6-135　选择转场效果

图6-136　添加转场效果并设置转场时长

⑤ 按相同方法为其他视频素材之间添加相同的转场效果，并设置相同的转场时长，如图6-137所示。

⑥ 单击"文本"选项卡，在"新建文本"栏中选择"默认"类下的"默认文本"选项，如图6-138所示。

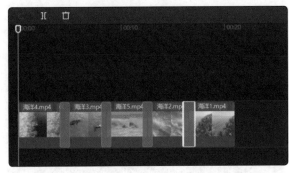

图6-137　为其他视频素材之间添加转场效果

图6-138　选择"默认文本"选项

⑦ 将"默认文本"拖曳到时间轴的视频素材上方，拖曳文本边框调整其时间长度，如图6-139所示。

⑧ 在"文本"选项卡的文本框中输入"海洋拥有丰富的水资源"，在"字体"下拉列表框中选择"方正正准黑简体"选项，将文本缩放参数设置为"40%"，并选择图6-140所示的预设样式。

图6-139　添加"默认文本"

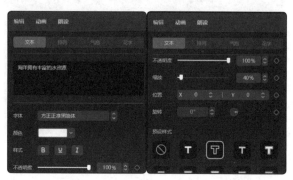

图6-140　输入并设置文本格式

⑨ 在"播放器"栏中拖曳文本调整其位置，如图6-141所示。

⑩ 单击"动画"选项卡，在其"入场"类下选择"渐显"选项，在下方的"动画时长"数值框中输入"1.0s"。然后选择"出场"类下的"渐隐"选项，并同样将动画时长设置为"1.0s"。添加文本动画，如图6-142所示。

图6-141　调整文本位置

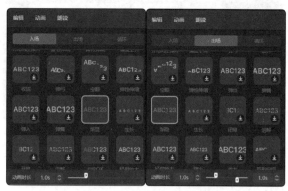

图6-142　添加文本动画

⑪ 在文本素材上单击鼠标右键，在弹出的快捷菜单中选择"复制"命令，复制文本，如图6-143所示。

⑫ 拖曳定位器至第2个视频素材处，按【Ctrl+V】组合键粘贴文本素材，调整其长度，然后修改文本内容，如图6-144所示。

图6-143　复制文本

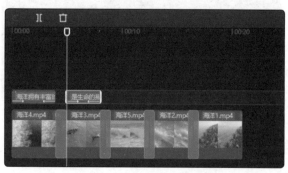

图6-144　粘贴并修改文本

⑬ 按相同方法为其他视频素材添加相应的文本，如图6-145所示。

⑭ 在视频素材结束后的位置再次复制并修改文本素材作为结束语，如图6-146所示。

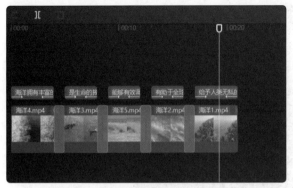

图6-145 为其他视频素材添加相应的文本

图6-146 添加结束语

⑮ 修改文本缩放比例为"90%"，选择第2种文本样式，并取消出场动画。然后在"播放器"栏中调整其位置，如图6-147所示。

图6-147 设置结束语

⑯ 单击"媒体"选项卡，导入"bgm.mp3"音频素材（配套资源：素材/模块6），如图6-148所示。

⑰ 将导入的音频素材拖曳到时间轴的视频素材下方，确认最后的音频素材结束位置与文本素材一致，如图6-149所示。

图6-148 导入音频素材

图6-149 添加音频素材

⑱ 预览视频效果，确认无误后单击操作界面右上角的 导出 按钮，打开"导出"对

话框，设置视频的名称和保存位置等参数，单击 ▭导出▭ 按钮完成短视频的制作，如图6-150所示（配套资源：效果/模块6/保护海洋.mp4）。

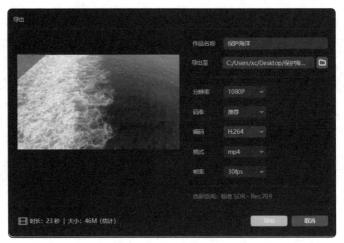

图6-150　导出短视频

拓展知识

HTML5作品制作

超文本标记语言5（Hypertext Markup Language 5，HTML5）是构建及呈现互联网内容的一种语言方式，这里所说的HTML5作品（以下简称H5作品），主要是指利用了HTML5技术的作品，该技术使得这类作品除了具备基本的文本元素外，还可以向用户展示视频、音频、动画等各种数字媒体元素。H5常用于制作邀请函、企业画册、招聘启事、店铺开业宣传单等。

目前网上许多平台都提供大量的H5模板，我们可以在平台上选择需要的模板，然后修改各页面的内容，轻松完成H5作品的制作。以码卡（MAKA）为例，进入其官方网站后，搜索作品关键字，如"中秋节"，然后选择"H5"类型，并单击选中右下方的"免费"复选框，如图6-151所示。

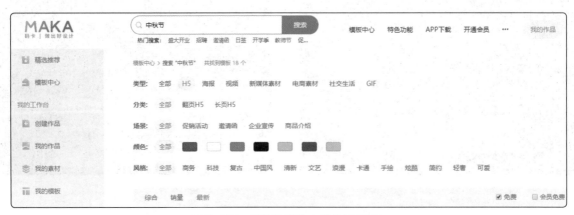

图6-151　搜索免费的中秋节H5作品

接着在搜索结果中选择一款满意的H5模板，将鼠标指针移至该模板上，单击出现的 开始编辑 按钮就可以开始编辑内容了。在H5的编辑界面中，单击页面下方的页码按钮可切换到需要编辑的页面；双击页面中的文本框，可以修改文本内容，并可在右侧设置文本格式；选择页面中的图片对象，则可通过右侧的 ⏳ 替换图片 按钮替换为需要的图片，如图6-152所示。在编辑界面左侧则集成了各种资源库，包括文字库、图片库、素材库等，以方便大家更好地完成H5的制作。

图6-152   H5的编辑界面

● 关键词：H5   HTML5技术

 课后练习

请尝试登录码卡官方网站，制作一款与中秋节祝福相关的H5作品，看看谁的作品更具有感染力，更能表现出中秋节的寓意。

项目 6.4   初识虚拟现实与增强现实

不管是"虚拟现实"或"增强现实"，还是"VR"或"AR"，这些名词术语我们可能已经听过很多次了。那么它们究竟是什么意思？又有什么作用呢？下面便将对这些问题进行解答。

◎ 虚拟现实与增强现实。
◎ 虚拟现实的各种常见设备。
◎ 体验虚拟现实与增强现实的应用。

学习要点

相关知识

1 了解虚拟现实

虚拟现实（Virtual Reality，VR）是一种以计算机技术为核心，利用二维图形生成技术、多传感交互技术、高分辨率显示技术等多种技术打造出逼真的虚拟环境的技术。用户在专门的虚拟现实设备的帮助下，就能进入虚拟环境，体验身临其境的奇妙感觉。

（1）虚拟现实的特点

虚拟现实主要包括模拟环境、感知、自然技能和传感设备等方面，其特点如图6-153所示。

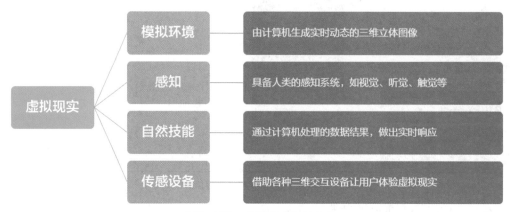

图6-153　虚拟现实的特点

（2）虚拟现实的专用设备

虚拟现实的专用设备可以分为建模设备、三维视觉显示设备、声音设备、交互设备等。

● **建模设备**。此类设备主要用于建立数字模型，如3D扫描仪等，如图6-154所示。

● **三维视觉显示设备**。此类设备主要用于显示三维立体影像，如头戴式立体显示器、3D展示系统等，如图6-155所示。

图6-154　3D扫描仪

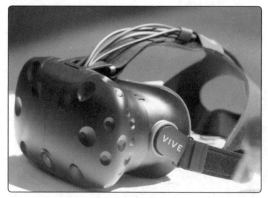

图6-155　头戴式立体显示器

● **声音设备**。此类设备主要用于输出三维立体声效，如三维声音系统、三维立体声等，如图6-156所示。

● **交互设备**。此类设备主要用于体验虚拟现实的各种功能，如动作捕捉设备、数据手套等，如图6-157所示。

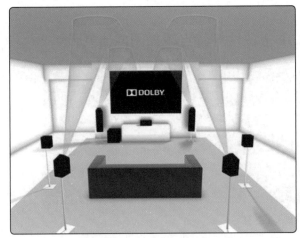

图6-156 三维声音系统

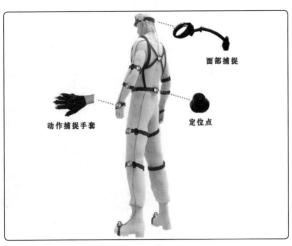

图6-157 动作捕捉设备

（3）虚拟现实的应用

虚拟现实可以模拟许多高风险、高成本的真实环境，以便于人们通过虚拟环境完成设计、测试、训练等项目。该技术目前广泛应用于室内设计、教育、医疗等各个领域，如图6-158所示。

VR室内设计：身临其境观看室内设计效果

VR教育：提升学习乐趣

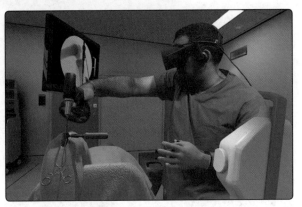

VR医疗：医生进行手术训练

图6-158 虚拟现实的应用情况

② 了解增强现实

增强现实（Augmented Reality，AR）是一种将虚拟信息与真实世界结合起来的技术，虚拟信息与真实信息相互补充，从而实现对真实世界的"增强"效果。

（1）增强现实的特点

增强现实具有虚实结合性、实时交互性、3D定位性等特点，如图6-159所示。

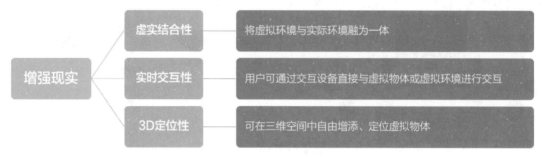

图6-159　增强现实的特点

（2）增强现实的应用

增强现实并不是用虚拟信息来代替真实信息，而是增强真实信息的表现力和感染力，该技术在工业、文化、旅游等领域都有广泛的应用，如图6-160所示。

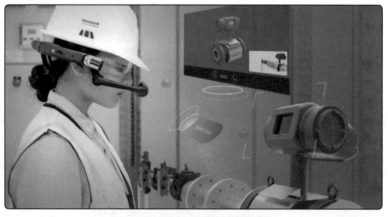

AR工业：实时反馈工程设备数据

AR文化：全方位了解展品文化

AR旅游：实景导航与地图

图6-160　增强现实的应用情况

项目任务

体验VR看房

VR看房是一种依托于三维重建技术和虚拟现实的多媒体三维全景在线技术，其工作原理是通过3D深度全景相机对空间场景进行拍摄扫描，再运用专门的算法对数据进行处理计算，进而对全景数据拼接并生成场景的3D模型。利用这种技术，不亲临现场就能看到房屋内部的详细情况，极大地节省了时间和精力，如图6-161所示。

图6-161　VR查看房间情况

请尝试在安居客、房天下等房产类网站上体验VR看房。

拓展知识

混合现实

增强现实是把虚拟的东西叠加到真实世界，而混合现实（Mixed Reality，MR）则是把真实的东西叠加到虚拟世界里。该技术通过为现实物体进行三维重建来生成虚拟的三维物体，实现多人交互。

例如，当家电出现故障时，我们往往会寻求售后帮助，厂商会要求我们到售后维修点进行维修，或提供售后上门服务等，但如果造成故障的原因非常简单，简单到我们自己就可处理，这样的方法就显得费时费力。如果使用混合现实，我们就只需要戴上专用的设备，设备上的摄像头将家电虚拟化为三维的模型并传送给厂商售后，售后人员就能看到非常真实的场景，从而判断出问题并给出修理建议。为了帮助我们处理故障，售后人员还可以通过混合现实在虚拟的三维模型上标注操作位置和方法。

混合现实的这种实现多人交互的特性，还广泛应用到教育、培训等领域。图6-162所示为MR技术在制造领域的应用。

图6-162　MR技术在制造领域的应用

● **关键词：混合现实**

 **课后练习**

在手机上下载"AR尺子"App，利用该工具测量现实中物体的长度，体验增强现实技术的实际应用。

模块小结

本模块主要介绍了数字媒体素材的获取与加工，数字媒体作品的制作，以及虚拟现实和增强现实等知识，本模块知识结构体系如图6-163所示。我们需要掌握如何获取素材，如何通过加工编辑得到高质量的素材，并掌握使用PowerPoint和剪映制作演示文稿和短视频的基本流程与方法。

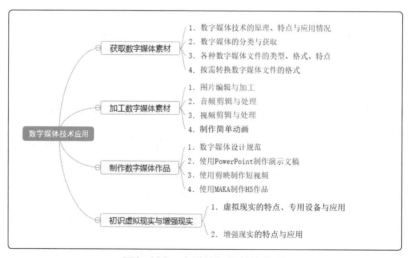

图6-163　本模块知识结构体系

习题

一、填空题

1. 数字媒体技术的特点有_____、_____、_____。

2. 获取文字素材的方法包括_____、_____、_____等。

3. 色彩逼真，表现力强，放大后画面会模糊的图形图像类型是_____。

4. 与MP3格式齐名，在压缩比和音质方面都超过了MP3的音频格式是_____。

5. 模拟信号转换为数字信号的三大环节分别是_____、_____、_____。

6. 色彩的三大特征是_____、_____、_____。

7. 能够充分发挥演示文稿形象生动的优势的操作是_____。

8. 将虚拟信息与真实世界结合起来，对真实世界实现"增强"效果的技术是_____。

二、选择题

1. 下列选项中，属于数字媒体技术应用领域的是（　　　）。

 A. 电子商务　　　　B. 教学　　　　　C. 医疗　　　　　D. 出版

2. 下列选项中，不是图像文件格式的是（　　　）。

 A. JPG　　　　　　B. GIF　　　　　C. PNG　　　　　D. AVI

3. 动画文件与视频文件是有区别的，下列选项中，属于动画文件格式的是
（　　　）。

 A. MOV　　　　　B. WMV　　　　C. SWF　　　　　D. 3GP

4. 下列选项中，不属于图像处理软件的是（　　　）。

 A. Photoshop　　　B. 美图秀秀　　　C. Illustrator　　D. Audition

5. 能够展示景物的高度和深度的构图方法是（　　　）。

 A. 中心构图法　　B. 水平线构图法　C. 垂直线构图法　D. 对角线构图法

6. 下列选项中，属于VR三维视觉显示设备的是（　　　）。

 A. 3D扫描仪　　　　　　　　　　　B. 头戴式立体显示器

 C. 三维声音系统　　　　　　　　　D. 动作捕捉设备

三、操作题

1. 利用格式工厂将计算机或手机上的JPG图片转换成PNG图片。

2. 在美图秀秀中打开"铅笔.jpg"图片文件（配套资源：素材/模块6），通过设置光效、特效滤镜、文字等操作，对图片进行美化处理（配套资源：效果/模块6/铅笔.jpg）。

3．打开"退货管理.pptx"（配套资源：素材/模块6），按以下要求完成操作。

（1）在第11张幻灯片和第8张幻灯片中分别添加SmartArt图形和"办公.png"图片文件（配套资源：素材/模块6）。

（2）为幻灯片设置切换动画，并为各张幻灯片添加相应的动画效果。

（3）放映演示文稿，查看效果。确认无误后将其以电子邮件附件的方式发送给老师（配套资源：效果/模块6/退货管理.pptx）。

4．在剪映中新建项目，按以下要求完成操作。

（1）导入"日落.mp4""月升.mp4""蓝天.mp4""绿地.mp4"视频素材（配套资源：素材/模块6），裁剪素材，并添加视频转场。

（2）为视频配上合适的文字内容。

（3）利用Audition或其他音频处理软件将"大气背景乐.mp3"（配套资源：素材/模块6）裁剪20秒，适当放大振幅后保存为"背景乐.mp3"文件（配套资源：效果/模块6）。

（4）在剪映中导入该音频文件，预览短视频内容，确认无误后将其导出为AVI视频文件（配套资源：效果/模块6/电视广告.avi）。

四、思考题

演示文稿已成为人们工作中的重要组成部分，在工作汇报、企业宣传、产品推介、婚礼庆典、项目竞标、管理咨询等领域的应用越来越广泛。一套完整的演示文稿通常包括封面、前言、目录、过渡页、图表页、图片页、文字页、封底等。请根据自己学习后的感受，从内容、色彩搭配、动画等方面思考如何才能制作出质量较高的演示文稿作品。

模块7

信息安全基础
——加强信息社会"安保"

信息技术的发展给我们带来了极大的便利，但我们不应该忽略信息安全这个问题。隐私泄露、财产损失、人身安全、病毒攻击，都是我们在信息社会中需要重视的潜在威胁。

完善国家安全力量布局，构建全域联动、立体高效的国家安全防护体系，是维护国家安全的重要手段。在强化网络安全方面，我国陆续出台了如《中华人民共和国网络安全法》《信息安全等级保护管理办法》等法律法规，网络安全顶层建设日渐完善。我国网络安全行业将紧紧围绕网络强国、数字中国的战略目标，继续夯实数字社会的底座，维护我国网络安全。

本模块将带领大家一同了解信息安全常识，学会防范信息系统恶意攻击的常用技能，让我们可以在更加安全的环境下使用网络信息。

情景导入： 一次关于网络安全的讨论

　　同学小优的QQ号被盗了，几经周折才重新取回了账号。有了这次经历，她把几个好朋友叫到一起，和大家讨论如何避免账号被盗的事情发生。小丽说："我觉得账号密码应该设置得复杂一些，尽量同时包含字母、数字和符号，密码设置得过于简单了，黑客就可能轻松破解密码信息，从而盗取账号。"小波表示赞同，他说："不仅如此，我建议大家最好开启操作系统自带的防护功能，或安装病毒查杀软件等安全类软件，这样才不会给不法之人以可乘之机。"小惠连连点头，说："没错，而且我还要提醒大家，一些异常的链接或广告最好不要访问，我们不能幻想'天上掉馅饼'这种不劳而获的事情发生，也不能有贪图小便宜的心理。只要我们安全上网，病毒和木马就会被拒之门外。"小优听后受益匪浅，大家的安全防护意识也都提高了不少。

项目 7.1 了解信息安全常识

随着国际上对网络空间战略资源的竞争日趋激烈，全球网络安全事件频发。因此，坚定维护国家政权安全、制度安全、意识形态安全，加强重点领域安全能力建设至关重要。网络安全涉及国家安全的各个方面，对于个人，提高网络安全意识、掌握网络安全知识是十分必要的。随着网络应用的不断深化，个人信息也会更多地出现在互联网中，这就增加了信息被非法利用的可能性。因此，个人信息的安全防护也十分重要。

学习要点

◎ 信息安全的基础与现状。
◎ 信息安全面临的威胁。
◎ 信息安全相关的法律法规。

相关知识

1 初识信息安全

当前社会是信息化的社会，我们首先从信息安全基础和现状的角度，来了解信息安全的基本常识。

（1）信息安全基础

信息安全主要是指信息被破坏、更改、显露的可能。其中，破坏涉及的是信息的可用性，更改涉及的是信息的完整性，显露涉及的是信息的机密性。因此，信息安全的基础，就是要保证信息的可用性、完整性和机密性。

● **信息的可用性**。信息如果可用，则代表攻击者无法占用所有的资源，无法阻碍合法用户的正常操作。信息如果不可用，则对合法用户来说，信息已经被破坏，这就面临信息安全的问题，如图7-1所示。

● **信息的完整性**。信息的完整性是信息未经授权不能进行改变的特征，只有得到允许的用户才能修改信息，并且能够判断出信息是否已被修改，如图7-2所示。

● **信息的机密性**。加密技术是实现信息机密性的手段之一，加密后的信息能够在传输、使用和转换过程中避免被第三方非法获取，如图7-3所示。

图7-1 信息被黑客破坏　　图7-2 保证信息完整性　　图7-3 信息加密

（2）信息安全现状

信息安全事件不断出现，倒卖业主信息、泄露用户信息等行为屡禁不止。近年来，我国加快完善数字信息基础设施体系，统筹推进5G、IPv6、数据中心、卫星互联网、物联网等建设发展，互联互通、共建共享，协调联动水平快速提升，为经济高质量发展提供有力支撑，从战略地位、法制建设、组织措施、安全意识层面确保国家、社会和个人的信息安全，如图7-4所示。

从战略地位层面来看	从法制建设层面来看	从组织措施层面来看	从安全意识层面来看
我国正将保障信息安全放到国家战略的层面来推进，对信息安全的重视程度越来越高	我国信息化法制建设取得了一定成效，相关法律保障体系日益完善	我国已经认识到赢得信息战主动权的重要性，组织措施、法制促进机制等相关工作日益加强	我国信息化法制建设处于发展阶段，信息安全保障的危机意识、责任意识等正逐步提高

图7-4　我国信息安全现状

（3）信息安全面临的威胁

网络为我们带来了更多便利的同时，也使我们的信息堡垒面临严重威胁。就目前来看，信息安全面临的威胁主要有以下几点。

● **黑客的恶意攻击**。黑客是具备高超信息技能的一类网络用户，他们会通过各种信息技术手段攻击网络和计算机用户，以达到各种非法目的，如图7-5所示。

● **软件设计的漏洞或"后门"而产生的问题**。操作系统中的安全漏洞或"后门"程序是切实存在的安全隐患，不法分子往往会利用这些漏洞，将恶意程序传递到网络和计算机中窃取信息，如图7-6所示。

图7-5　黑客攻击

图7-6　软件漏洞与后门程序

提示　"后门"程序是指那些绕过安全性控制而获取对其他程序或系统访问权的程序，它可以方便程序员对程序进行修改，在发布之前会将其删除。一旦"后门"程序忘记删除或被非法之人获取，就成了安全隐患。

● **恶意网站设置的陷阱**。一些恶意网站往往会乔装为人们感兴趣的内容，当用户访问或执行下载等操作时，就能将恶意程序传输到用户计算机上，如图7-7所示。

● **用户不良行为引起的安全问题**。用户因为误操作导致信息丢失、损坏，没有备份重要信息，在网上滥用各种非法资源等，都可能对信息安全造成威胁，如图7-8所示。

图7-7 网络陷阱

图7-8 操作不当

❷ 了解信息安全的法律法规

随着计算机技术和互联网技术的发展与普及，国家为了更好地保护信息安全，陆续制定了一系列法律法规文件，用以制约和规范我们对信息的使用行为，阻止有损信息安全的事件发生，如表7-1所示。

表7-1 信息安全相关的法律法规

类别	内容
法律	《中华人民共和国刑法》第二百八十五条非法侵入计算机信息系统罪
	《中华人民共和国刑法》第二百八十六条破坏计算机信息系统罪
	《中华人民共和国刑法》第二百八十七条利用计算机实施犯罪的提示性规定
	《中华人民共和国网络安全法》
	《中华人民共和国个人信息保护法》
	《中华人民共和国数据安全法》
	……
法规	《中华人民共和国计算机信息系统安全保护条例》
	《中华人民共和国计算机信息网络国际联网管理暂行规定》
	《中国互联网域名注册实施细则》
	《中国公用计算机互联网国际联网管理办法》
	……

项目任务

任务1 积极培养信息安全意识

我们只有重视信息安全，积极培养出信息安全意识，才能使自己的信息安全得到有效保证。请根据自己的实际情况填写表7-2中的内容，看看大家是否具备正确的信息安全意识。

表7-2　信息安全意识测试

行为	自我判断	如何改变或调整
为方便记忆，将登录密码设置为生日、电话号码等信息	□是 □否	
轻易向陌生网友透露自己的身份信息	□是 □否	
将自己各个网站的登录密码设置为相同信息	□是 □否	
使用手机时会放心扫描各种来历不明的二维码	□是 □否	
主动连接公共场所来历不明的免费 Wi-Fi 信号	□是 □否	
重要资料和数据没有定期备份	□是 □否	
获取软件的安装程序时不会在官方网站下载	□是 □否	
经常点击网站中各种极具诱惑性的广告或链接	□是 □否	
为了访问需要的资源，会禁用防火墙功能	□是 □否	

任务2　保护计算机上的信息安全

除网络信息外，个人计算机上的信息安全也是需要引起我们重视的。对于计算机上的信息，我们可以参考以下几个步骤来保障其安全。

● **控制计算机使用权限**。严格管理计算机的使用权限，如设置专用账户，设置登录密码，防止其他无权限的用户登录计算机进行非法操作，如图7-9所示。

● **信息加密**。利用各种加密功能和软件，对信息所在的磁盘分区或信息本身进行加密设置，如图7-10所示。

● **信息备份**。将信息备份到移动存储设备（如U盘）或网络云盘中，防止信息损坏或系统崩溃后数据丢失，如图7-11所示。

图7-9　设置登录密码

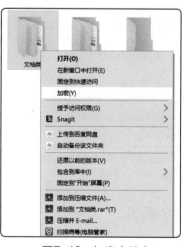

图7-10　加密文件夹

图7-11　网盘备份

拓展知识

信息安全等级保护

信息安全等级保护，是对信息和信息载体按照重要性等级分级别进行保护的一项工作。2019年12月1日，信息安全技术网络安全等级保护制度2.0标准（简称等保2.0标准）正式实施，将等级保护对象的安全保护等级分为五级，如表7-3所示。

表7-3　等级保护对象的安全保护等级

级别	等级保护对象受到破坏的侵害程度
第一级	对相关公民、法人和其他组织的合法权益造成一般损害，但不危害国家安全、社会秩序和公共利益
第二级	对相关公民、法人和其他组织的合法权益造成严重损害或特别严重损害，或者对社会秩序和公共利益造成危害，但不危害国家安全
第三级	对社会秩序和公共利益造成严重危害，或者对国家安全造成危害
第四级	对社会秩序和公共利益造成特别严重危害，或者对国家安全造成严重危害
第五级	对国家安全造成特别严重危害

● **关键词：网络安全等级保护制度2.0标准**

根据所学的知识为计算机账户设置登录密码，并开启操作系统中的防火墙功能（提示：利用控制面板打开账户设置项目中的登录选项，在其中设置登录密码，如图7-12所示）。

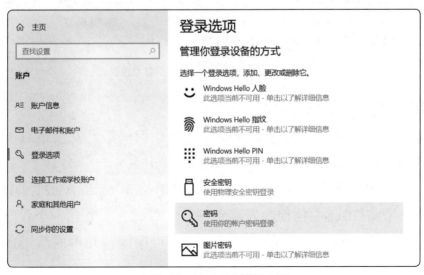

图7-12　设置账户登录密码

项目 7.2　防范信息系统恶意攻击

虽然信息安全面临着各种各样的风险与威胁，但是我们仍然可以采取主动的措施来保护自己的信息不被窃取和破坏。

学习要点

◎ 信息安全的标准与规范。
◎ 常见的信息系统恶意攻击的形式和特点。
◎ 信息系统安全防范的一些常用技术。

 相关知识

1 信息安全标准与规范

要想有效防范信息系统遭受恶意攻击，首先我们应该建立行之有效的信息安全标准与规范，通过加强过程管理和基础设施管理的风险分析及防范，建立安全责任制，健全安全内控制度，最终保证信息系统的机密性、完整性、可用性，如图7-13所示。

01 组织安全	02 信息资产与人员安全	03 物理和环境安全	04 通信和操作安全	05 访问控制安全
建立信息安全管理体系 落实分配的任务 对信息设备有授权规定 明确第三方访问的风险	明确信息资产权限 按规定使用信息资产 人员进行安全教育培训 制定信息安全奖惩制度	明确信息使用安全区域 保证场所和设施安全 防范外部和环境的威胁 制定设备维护等安全制度	制定通信安全制度 按规定备份数据 定期查杀病毒	制定访问控制管理办法 制定网络服务使用办法 明确访问权限和责任

图7-13　信息安全标准与规范的参考建议

2 信息系统可能遭受的恶意攻击

无论是病毒、木马，还是各种恶意程序，都对我们的信息安全造成了很大的影响。就目前来看，这些恶意程序最常见的攻击形式有以下几种。

● **DDoS攻击**。分布式拒绝服务（Distributed Denial of Service，DDoS）攻击的攻击者会使用一个账号将DDoS主控程序安装在一台计算机上，并在一个设定的时间内使主控程序与大量代理程序通信，一旦开始攻击，主控程序能在几秒内激活成百上千次代理程序的运行。

提示

DDoS攻击中有一种CC攻击，"CC"是"Challenge Collapsar"的缩写，中文含义为"挑战黑洞"，这是一种利用不断对网站发送连接请求致使网站形成拒绝服务的恶意攻击方式。CC攻击使我们无法找到真正的攻击源，也看不到特别大的异常流量，但能造成服务器无法正常连接。

● **暴力破解**。这种恶意攻击是指攻击者试图通过反复攻击来发现系统或服务的密码，虽然这样的攻击方式非常消耗时间，但目前大多数攻击者会使用软件自动执行攻击任务。暴力破解攻击经常被用于对网络服务器等关键资源的窃取上，如图7-14所示。

● **浏览器攻击**。攻击者通常选择一些合法但易被攻击的网站，然后利用恶意软件将网站感染，受感染的站点会通过浏览器的漏洞将恶意软件植入访问者计算机中。图7-15所示便是一种针对浏览器的攻击代码。

图7-14 暴力破解登录账号和密码

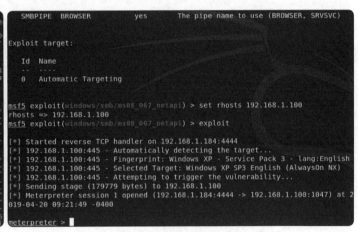

图7-15 针对浏览器的攻击代码

● **跨站脚本攻击**。这种恶意攻击是往网页里插入恶意HTML代码，当用户浏览该页面时，嵌入在网页里面的恶意HTML代码就会被执行，并完成恶意攻击的任务。

● **恶意软件**。恶意软件包括在计算机上执行恶意任务的各种病毒、蠕虫、木马等，它通过动态改变攻击代码，可以逃避入侵检测系统的特征检测。图7-16所示为恶意软件入侵手机导致无法正常使用摄像头的场景。

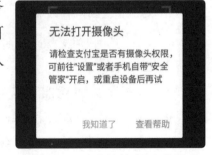

图7-16 恶意软件禁用手机摄像头

3 信息系统安全防范妙招

开启防火墙、备份数据、加密数据、查杀木马与病毒、补全系统漏洞等，都是信息系统安全防范的妙招，学会这些操作，我们就能更好地保护信息安全。

（1）开启防火墙

我们已经知道了防火墙是一种将内部网和外部网分开，以避免外部网的潜在危险随意进入内部网的一种隔离技术，开启防火墙，是计算机能够安全访问网络的必要条件。防火墙的主要功能如图7-17所示。

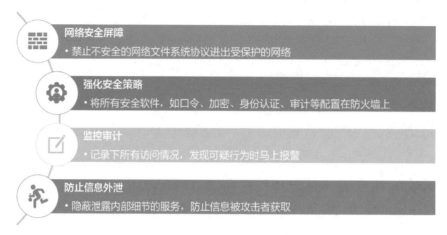

图7-17　防火墙的主要功能

（2）备份数据

数据备份是有效防止数据损坏、丢失的一种手段，我们应该养成对数据进行备份的良好习惯。就目前来看，数据备份常见的形式如图7-18所示。

备份到移动存储设备　　　　备份到其他计算机　　　　备份到网络云盘

图7-18　数据备份常见的形式

（3）加密数据

数据加密是保护信息安全最可靠的办法之一，它通过加密算法和加密密钥将明文转变为密文，想要使用数据时，则必须通过解密算法和解密密钥将密文恢复为明文才行。在信息系统中，我们可以对磁盘驱动器进行整体加密，也可以只针对重要的数据文件或文件夹进行加密。

● **加密磁盘驱动器**。若想要对D盘或某个磁盘驱动器中的所有数据进行加密，则可利用Windows 10的BitLocker功能加密磁盘驱动器，如图7-19所示。加密磁盘驱动器后，计算机中的其他用户双击该磁盘驱动器则会打开输入密码的对话框，只有输入正确的密码才能使用其中的数据。

● **加密文件或文件夹**。若只需要加密部分文件或文件夹，则可使用WinRAR、文件加密大师等具备加密功能的软件实现。文件或文件夹通过加密后，使用者也必须输入正确的密码才能访问并使用数据内容。图7-20所示为解压加密的文件时弹出的对话框。

图7-19 BitLocker驱动器加密

图7-20 解压加密的文件

（4）查杀木马与病毒

木马是指隐藏在正常程序中的一段具有特殊功能的恶意代码。一般的木马程序主要是寻找计算机"后门"，通过"后门"程序伺机窃取计算机中的密码和重要文件，或者对计算机实施监控、资料修改等非法操作。病毒则是在计算机程序中插入的破坏计算机功能或数据的代码。病毒能影响计算机使用，具有传播性、隐蔽性、感染性、潜伏性、可激发性、破坏性等特点。

为了避免计算机感染木马和病毒，我们可以使用Windows 10操作系统的安全中心或在计算机上安装专门查杀木马和病毒的软件，不定期对木马和病毒进行查杀，以保证数据的安全。图7-21所示即为使用电脑管家查杀病毒的界面。

图7-21 查杀病毒

（5）补全系统漏洞

系统漏洞是指操作系统在逻辑设计上存在的缺陷或错误，这种缺陷或错误容易被不法者利用，通过植入木马、病毒等方式就可以攻击计算机，窃取其中的重要信息，甚至破坏系统。因此，补全系统漏洞可以使操作系统更加安全可靠，让不法者找不到漏洞进行攻击。Windows 10操作系统的更新功能或其他安全软件都可以及时补全系统漏洞，如图7-22所示。

图7-22　Windows 10操作系统的更新功能

项目任务

任务 1　使用Windows Defender

Windows Defender是Windows 10操作系统中专用于病毒和威胁防护的工具，下面使用它来完成病毒查杀的工作，其具体操作如下。

① 打开设置窗口，选择"更新和安全"选项，选择窗口左侧的"Windows安全中心"选项。

② 在显示的界面中选择"病毒和威胁防护"选项，此时将打开"Windows安全中心"窗口，选择"扫描选项"选项，设置某种扫描方式，这里单击选中"快速扫描"单选按钮，单击 立即扫描 按钮，如图7-23所示。

③ 操作系统开始执行病毒扫描工作，待扫描结束后，如果发现威胁，则单击 执行操作 按钮便可清除，如图7-24所示。

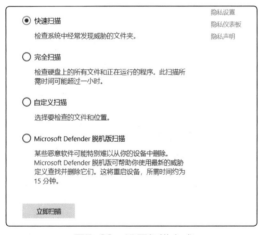

图7-23　设置扫描方式

图7-24　执行操作

任务 2　更新操作系统

及时更新操作系统可以有效防止他人利用系统漏洞来发起攻击造成的不必要损失。下面介绍利用Windows 10操作系统的更新功能更新系统的方法，其具体操作如下。

① 打开设置窗口，选择"更新和安全"选项，选择窗口左侧的"Windows 更新"选项。

② 在显示的界面中可单击 检查更新 按钮检查系统更新情况，如有更新补丁（解决系统漏洞的小程序），将显示在下方，单击"下载并安装"超链接，如图7-25所示。

③ 操作系统将自动下载并安装补丁程序，完成后单击 立即重新启动 按钮，重新启动计算机完成更新，如图7-26所示。

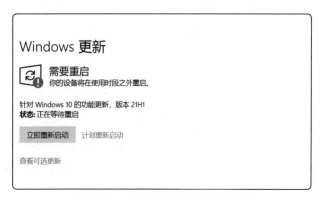

图7-25　单击"下载并安装"超链接　　　　图7-26　重新启动计算机完成更新

 拓展知识

认识加密技术

加密技术的实现需要借助"算法"和"密钥"这两个工具。其中，算法是实现将可识别的数据转变为无法识别的数据的步骤，密钥则是用来对数据进行编码和解码的一种算法。根据密钥是否相同，加密技术有对称加密和非对称加密之分。

● **对称加密**。指文件加密和解密使用相同的密钥，这种加密技术的算法公开，计算量小、加密速度快、加密效率高。但是对称加密在数据传送前，发送方和接收方需要商定好密钥，任意一方的密钥被泄露，加密信息就不安全。同时，对称加密会增加信息收发双方密钥管理的负担。

● **非对称加密**。这种加密技术需要成对的公开密钥和私有密钥，即用公开密钥对数据加密后，只能用成对的私有密钥才能解密。非对称加密技术的密钥分配简单、密钥保存负担小，可以满足互不相识的用户之间进行私人谈话时的保密性要求，但公钥密码的计算量特别大。

● 关键词：密钥　对称加密　非对称加密

 课后练习

查看操作系统是否需要更新，若需要，则请完成更新操作。完成后，利用Windows Defender对操作系统进行完全扫描，以查杀可能存在于计算机上的病毒或威胁文件。

模块小结

本模块主要介绍了与信息安全相关的基础知识，本模块知识结构体系如图7-27所示。通过本模块的学习，我们应该更进一步地了解到信息安全面临的各种威胁，各种恶意攻击的方式和特点，并能掌握常用的信息系统安全防范技能。

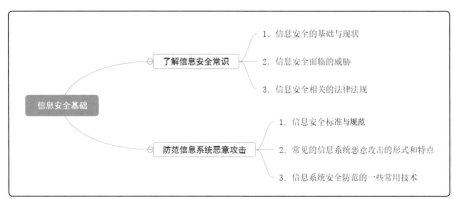

图7-27　本模块知识结构体系

习题

一、填空题

1. 保护信息安全，其核心就是保护信息的_____、_____、_____。

2. 我国界定计算机犯罪的法律文件是_____。

3. 对国家安全造成特别严重危害所对应的安全保护等级级别是第_____级。

4. 防火墙的主要功能有_____、_____、_____、_____。

5. 加密技术的两种常见技术分别是_____和_____。

二、选择题

1. 下列选项中，不属于信息安全所面临的威胁的是（　　　）。

　A．黑客的恶意攻击

　B．恶意网站设置的陷阱

　C．信息访问需要付出高昂的费用

　D．用户上网时产生的各种不良行为

2. 下列选项中，对"后门"程序描述正确的是（　　　）。

   A. "后门"程序可以方便对程序的修改和调试

   B. "后门"程序建立后就无法删除

   C. "后门"程序实际上是一种病毒

   D. 黑客无法利用"后门"程序攻击用户的信息系统

3. 分布式拒绝服务攻击简称（　　　）。

   A. 恶意文件攻击　　　　　　　　　B. DDoS攻击

   C. 暴力攻击　　　　　　　　　　　D. 浏览器攻击

4. 下列选项中，最不安全的数据备份方法是（　　　）。

   A. 将数据备份到计算机的其他盘符

   B. 将数据备份到百度网盘中

   C. 将数据备份到U盘中

   D. 将数据备份到其他计算机上

三、操作题

1. 下载并安装文件加密大师，尝试使用该软件加密计算机上重要的文件夹。

2. 利用第三方软件（如360杀毒、瑞星杀毒、电脑管家等）完成对计算机上系统盘的病毒查杀操作（提示：使用自定义扫描方式指定系统所在盘符）。

四、思考题

假设自己即将踏上工作岗位，领导需要你提交一份所在部门的信息安全保障方案，根据本模块所学的知识，你将如何制定方案？如何实施？

模块8

人工智能初步
——无限可能的未来世界

　　随着科学技术的发展，人工智能早已不是科幻电影中才能看见的情景了。扫地机器人不仅能帮助我们打扫卫生，还能规避障碍物，没电了还会主动去充电，俨然是一个劳动者的模样；庞大笨重的智能机械臂能够通过感知物体的形状、温度等各种属性，实现刺破鸡蛋壳却保证蛋壳内膜完好无损的神奇效果……诸如这些，都是人工智能的真实体现。那些我们耳熟能详的系统，如智慧交通、智能物流、智慧农业、智能制造，也都是人工智能的卓越表现。

　　推动战略性新兴产业融合集群发展，构建新一代信息技术、人工智能、生物技术、新能源、新材料、高端装备、绿色环保等一批新的增长引擎，是新时代经济发展的重要方向。以人工智能为代表的新一代信息技术等是这些领域的代表性技术，正在全球范围内呈现蓬勃发展的态势。人工智能为经济社会发展注入了新动能，正在深刻改变人们的生产生活方式。

　　本模块将重点学习人工智能的发展、应用和基本原理，此外将了解机器人技术这一人工智能的重要技术体现。

情景导入： 一次关于人工智能的讨论

　　为了让同学们了解人工智能对我们生活的影响，老师带领大家参观了当地的一家科技馆，馆内正在展示人工智能的各种应用。活动结束后，老师要求大家从智能制造、智慧农业、智能物流、智慧交通等领域谈谈对人工智能的看法。小萱首先发言："我觉得智能制造领域的机械臂太厉害了，它不仅能够伸缩、旋转和升降，还能快速抓取薄薄的晶片，简直比人类的手臂还要灵活。"小东接着说："我对智慧农业中的自动灌溉系统印象深刻，它能够实时根据反馈的温度、湿度等各种数据信息，调整灌溉方案，让每一株农作物都能享受到最合适的水分供给。"小容说："你们难道不喜欢智能物流领域的分拣机器人吗？它们又可爱又聪明，可以快速将大量的商品从最佳路径投放到指定的位置。"小彬表示赞同，他说："没错，分拣机器人确实厉害，但是我更喜欢智慧交通领域的无人驾驶技术。很难想象一辆汽车不仅能够自己行驶，还能避让行人，避免潜在危险。人工智能真是太强大了！"

项目 8.1　初识人工智能

人工智能是一门前沿科学，不仅涉及计算机科学，还包含语言学、数学、逻辑学、认知科学、行为科学、心理学等各个领域的内容。当前，人工智能日益成为引领新一轮科技革命和产业变革的核心技术，在制造、金融、教育、医疗和交通等领域的应用场景不断落地，极大改变了既有的生产生活方式。

学习要点
◎ 人工智能技术的发展和应用情况。
◎ 人工智能对人类社会发展产生的影响。
◎ 人工智能的基本原理。
◎ 体验人工智能的具体应用。

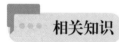　相关知识

1 人工智能技术的发展和应用

借助于科技飞速发展的"东风"，人工智能技术也得以快速发展，并逐渐应用到更多的领域。

（1）人工智能技术的发展

从1950年的图灵实验开始，人工智能一步步发展至今，整个过程可以归纳为几个重要阶段，如图8-1所示。

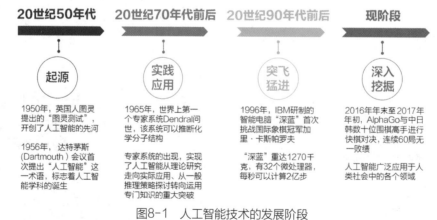

20世纪50年代	20世纪70年代前后	20世纪90年代前后	现阶段
起源	实践应用	突飞猛进	深入挖掘
1950年，英国人图灵提出的"图灵测试"，开创了人工智能的先河	1965年，世界上第一个专家系统Dendral问世，该系统可以推断化学分子结构	1996年，IBM研制的智能电脑"深蓝"首次挑战国际象棋冠军加里·卡斯帕罗夫	2016年年末至2017年年初，AlphaGo与中日韩数十位围棋高手进行快棋对决，连续60局无一败绩
1956年，达特茅斯(Dartmouth)会议首次提出"人工智能"这一术语，标志着人工智能学科的诞生	专家系统的出现，实现了人工智能从理论研究走向实际应用、从一般推理策略探讨转向运用专门知识的重大突破	"深蓝"重达1270千克，有32个微处理器，每秒可以计算2亿步	人工智能广泛应用于人类社会中的各个领域

图8-1　人工智能技术的发展阶段

（2）人工智能技术的应用

随着人工智能技术的日益成熟，它已经被广泛且深入地应用于智能制造、智慧农业、智能物流、智慧交通等各大领域。

● **智能制造**。智能制造是指在制造过程中进行分析、推理、判断、构思和决策等智能活动，通过人与智能机器的合作，去扩大、延伸和部分取代人类在制造过程中的劳动。图8-2所示为智能制造车间。

● **智慧农业**。各种智能农机、智慧大田、智慧设施的加入，可以有效提高生产率、资源利用率和土地产出率，增强农业抗风险能力，实现农业可持续发展，促进从传统农业向现代农业的跨越。图8-3所示为智慧农机喷洒作业。

图8-2 智能制造车间

图8-3 智慧农机喷洒作业

● **智能物流**。智能物流是指通过人工智能技术，实现无人车搬运与装卸货物，盘点与管理仓储系统，无人机配送货物、智能客服等功能。图8-4所示为无人机配送作业。

● **智慧交通**。借助于智慧交通系统，我们可以实现交通道路效率的提升，有效控制交通事故率，缓解城市交通压力等。图8-5所示为全天候智能监控路面交通。

图8-4 无人机配送作业

图8-5 全天候智能监控路面交通

2 人工智能对人类社会发展的影响

人工智能对人类社会发展产生的影响是多元的，既有拉动经济、造福社会的正面效应，也可能出现法律失准、道德失范、安全失控等社会问题。

● **正面影响**。人工智能是新一轮的科技革命和产业变革的核心力量，它能够促进社会生产力的整体发展，可以推动传统产业升级换代，在人类社会生产生活的各个领域都能带来积极正面的影响。

● **负面影响**。人工智能时代，个人信息和隐私保护、人工智能歧视和偏见、无人驾驶系统的交通法规、人机共生的科技伦理等问题，都需要我们从法律法规、道德伦理、社会管理等多个角度提供解决方案，稍有不慎便可能给社会发展带来极大的负面影响。图8-6所示为 Neuralink 公司研发的脑机接口概念图，该技术被 Neuralink 公司阐述为用来弥补因中风、事故、先天原因而失去的大脑部分，而且能实现人机共生。

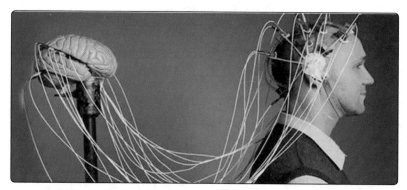

图8-6 脑机接口概念图

3 人工智能的基本原理

人工神经网络可以执行模式识别、语言翻译、逻辑推理等工作，甚至能够创建图像或形成新设计。其中，模式识别是一项特别重要的功能，也是人工智能最基本的应用原理。

在人工神经网络中有一个重要的算法，即卷积神经网络，这种算法参考了人类和其他动物大脑视觉皮层的结构，使用感知器、机器学习单元算法，能够监督学习、分析数据，适用于图像处理、自然语言处理和其他类型的认知任务。卷积神经网络具有输入层、输出层和各种隐藏层，如图8-7所示。由于其中的一些层是卷积（一种运算方式）的，可以使用数学模型将结果传递给连续的层，这一过程模拟了人类视觉皮层中的一些动作，因此它被称为卷积神经网络（CNN）。

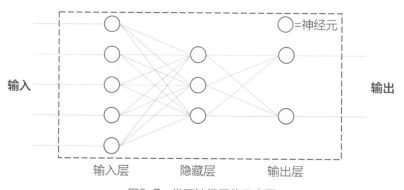

图8-7 卷积神经网络示意图

当机器看到一只狗或一只猫时，其识别的图像内容对机器而言只是一些数据。此时，神经网络的第一层会利用这些数据，通过特征检测来获取物体的轮廓，下一层将检测这些简单图案的组合所形成的形状，如眼睛或耳朵，再下一层将检测这些形状组合所构成的物体的某些部分，如头部，最后一层将检测刚才那些部分的组合，即一只完整的狗或猫。每一层的神经网络都会对目标进行图像组合分析和特征检测，从而将判断传递给下一层神经网络，最终以这种分层的方式实现复杂的模式识别。具备了模式识别这种认知功能，人工智能才可能实现智能感知和判断决策。

项目任务

任务1 体验智能客服

智能客服包含了大规模知识处理技术、自然语言理解技术、知识管理技术、自动问答系统、推理技术等，可以实现与客户进行自主沟通的效果。搜索"腾讯云智能客服"，在网页中单击 立即申请体验 按钮，如图8-8所示，根据页面要求进行注册和实名认证等步骤，然后与智能客服进行交流，体验其智能化程度。

图8-8 申请体验智能客服机器人

任务2 强大的百度识图

图像识别技术是人工智能的一个重要领域，它能够以图像的主要特征为基础，通过存储的大量数据和先进的算法完成对图像的识别操作。搜索百度识图，登录其官方页面，上传计算机中的某张动物、植物、建筑、商品或风景图片，查看百度识图能否正确识别图片中的对象，如图8-9所示。

图8-9 百度识图

 **拓展知识**

人工智能的争议

随着人工智能技术的不断发展与应用的不断深入，针对人工智能的争议话题也层出不穷。人工智能的支持者们认为，人工智能可以大幅度提高工作效率，让更多的人力解放出来，去从事机器做不了的工作；反对者们则认为，随着人工智能的发展，各行各业的职位都会被人工智能取代，最终造成人的大量失业。更有甚者，有的人认为人工智能的进化速度会越来越快，最终将摆脱人类的约束而成为"祸害"。

与网络一样，人工智能也像一把"双刃剑"。用得好，它就能更好地服务于社会，服务于人类；用得不好，则有可能造成混乱。归根结底，人工智能未来的发展有没有明确的目标和计划？如何实施、如何管控？解决了这些问题，也就解决了争议。

● 关键词：**人工智能的争议**

 **课后练习**

语音助手是目前大多数智能手机的必备应用，它通过智能对话与即时问答的交互方式，帮助用户更方便地完成手机操作。不同手机的语音助手各不相同，如华为的语音助手叫小艺、小米的语音助手叫小爱、苹果的语音助手叫Siri、三星的语音助手叫Bixby等。请尝试与自己手机上的语音助手进行对话，体验其智能化程度。

项目 8.2　了解机器人

机器人是一种能够半自主或全自主工作的智能机器，在人工智能技术的不断研发和应用的前提下，各种具有感知、决策、执行等基本功能的机器人更是层出不穷。

◎ 机器人技术的发展。
◎ 机器人技术的应用。
学习要点

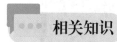 **相关知识**

1 机器人技术的发展

机器人技术是综合了计算机、控制论、机构学、信息和传感技术、人工智能、仿生学等多学科而形成的高新技术。从1947年至今，机器人技术在几十年的发展历程中，大致经历了以下3个阶段。

（1）示教再现型机器人

示教再现型机器人通过一台计算机来控制一个多自由度的机械（往往是机械臂）。这类机器人需要存储程序和信息，然后通过读取信息来重复存储程序中要求的指令。这类机器人不具有对外界的感知能力，很难适应环境的变化。图8-10所示为按程序焊接的示教再现型机器人。

（2）感知型机器人

示教再现型机器人无法感知操作力的大小，无法感知焊接的好坏等。为了让机器人能够在适应环境的境况下更好地完成工作，人们开始研究第二代机器人，即感知型机器人，这类机器人拥有触觉、视觉、听觉等感知能力，能够感知对象的形状、大小、颜色。图8-11所示为自主存取工具的感知型机器人。

（3）智能型机器人

智能型机器人不仅具有感知能力，还具有一定独立行动的能力，这种机器人带有多种传感器，可以进行复杂的逻辑推理、判断及决策，在变化的内部状态与外部环境中，自主决定自身的行为。图8-12所示为能够下棋的智能型机器人。

  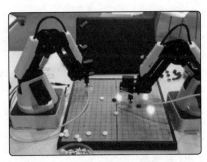

图8-10　按程序焊接的示教再现型机器人　　图8-11　自主存取工具的感知型机器人　　图8-12　能够下棋的智能型机器人

❷ 机器人技术的应用

机器人的应用领域十分广阔，我们可以在生产生活中的各个方面体验到机器人技术的具体应用，如工业、农业、医疗、教育等领域。

● **工业领域**。机器人广泛应用于工业领域的各行各业，如焊接、切割、装配、喷漆、搬运、包装、产品检验等，能够提高工作效率并解放人力。图8-13所示为喷涂机器人。

● **农业领域**。应用于农业领域的机器人可以用于耕耘、施肥、除草、喷药、收割、采摘、林木修剪、果实分拣等方方面面，它们能够根据作业环境自主移动。图8-14所示为果实分拣机器人。

图8-13　喷涂机器人　　　　　　　　　图8-14　果实分拣机器人

● **医疗领域**。在医疗行业中，有的机器人可以通过高精度的手术动作帮助医生更安全地完成手术，有的机器人，如纳米机器人能进入人体反馈内部情况，甚至还能实现主动治疗的效果。

● **教育领域**。教育领域的机器人可以对各阶段的学生进行教育，如启蒙教育、学科教育、专业知识教育等。

项目任务

生活中常见的机器人

人工智能技术的不断发展，使我们在平时生活中能够看到越来越多的机器人。请大家将一些生活中常见的机器人归纳到表8-1中，并说明它们的功能和对人类的作用。

表8-1　生活中常见的机器人

机器人	主要功能	对人类的作用

拓展知识

机器人学三定律

艾萨克·阿西莫夫是著名的科幻小说作家，他所提出的"机器人学三定律"被称为"现代机器人学的基石"，其内容如下。

第一定律：机器人不得伤害人类个体，或者目睹人类个体将遭受危险而袖手旁观。

第二定律：机器人必须服从人类给予它的命令，当该命令与第一定律冲突时例外。

第三定律：机器人在不违反第一、第二定律的情况下要尽可能保证自己的生存。

这三大定律直到现在仍然是机器人研发者遵守的法则。

● **关键词：** 机器人学三定律

课后练习

在有条件的情况下，请同学们在老师的组织下参观附近的制造企业，看看企业生产车间是否有人工智能或机器人，并观察它们是如何帮助人们工作的。

模块小结

本模块带大家简单认识了人工智能与机器人的情况，本模块知识结构体系如图8-15所示。通过本模块的学习，我们可以了解人工智能的发展和现状，可以了解人工智能与机器人在各个领域的应用情况，并能感受人工智能带给我们的各种影响。

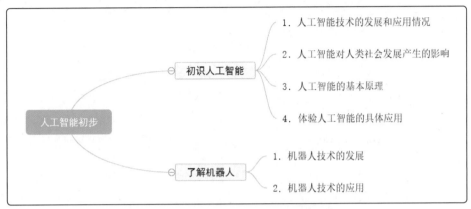

图8-15 本模块知识结构体系

习题

一、填空题

1. 1950年，开创了人工智能先河的设想称为_____。

2. 机器人技术发展过程中对应的三个阶段的机器人分别是_____、
_____、_____。

二、选择题

1. 人工神经网络中重要的算法是（ ）。

    A. 模式识别   B. 卷积神经网络   C. 语言翻译   D. 逻辑推理

2. 下列选项中，对人工智能的表述不正确的是（ ）。

    A. 人工智能可以解放人力   B. 人工智能可以提高生产效率

    C. 人工智能可能带来负面影响   D. 人工智能迟早会控制人类

三、思考题

既然人工智能的基本原理是通过人工神经网络来认知外部信息，请发挥自己的想象，思考人工智能将来是否会拥有自由意志，并说明理由。